图书在版编目（CIP）数据

建设工程施工仪器仪表台班费用编制规则/住房和城乡建设
部标准定额研究所主编. —北京：中国计划出版社,2015.7
ISBN 978-7-5182-0186-0

Ⅰ.①建⋯ Ⅱ.①住⋯ Ⅲ.①建筑工程 – 工程施工 – 仪
器 – 费用 – 工时定额 – 编制 – 规则 – 中国②建筑工程 – 工
程施工 – 仪表 – 费用 – 工时定额 – 编制 – 规则 – 中国
Ⅳ.①TU723.3-65

中国版本图书馆 CIP 数据核字(2015)第 130338 号

建设工程施工仪器仪表台班费用编制规则

住房和城乡建设部标准定额研究所　主编

中国计划出版社出版
网址：www.jhpress.com
地址：北京市西城区木樨地北里甲 11 号国宏大厦 C 座 3 层
邮政编码：100038　电话：（010）63906433（发行部）
新华书店北京发行所发行
三河富华印刷包装有限公司印刷

880mm×1230mm　1/16　7 印张　215 千字
2015 年 7 月第 1 版　2015 年 7 月第 1 次印刷
印数 1—5000 册

ISBN 978-7-5182-0186-0
定价：42.00 元

中华人民共和国住房和城乡建设部

建设工程施工仪器仪表台班费用编制规则

中国计划出版社

2015 北　京

主编部门：中华人民共和国住房和城乡建设部

批准部门：中华人民共和国住房和城乡建设部

施行日期：2 0 1 5 年 9 月 1 日

住房城乡建设部关于印发《房屋建筑与装饰工程消耗量定额》、《通用安装工程消耗量定额》、《市政工程消耗量定额》、《建设工程施工机械台班费用编制规则》、《建设工程施工仪器仪表台班费用编制规则》的通知

建标〔2015〕34 号

各省、自治区住房城乡建设厅,直辖市建委,国务院有关部门：

为贯彻落实《住房城乡建设部关于进一步推进工程造价管理改革的指导意见》(建标〔2014〕142 号),我部组织修订了《房屋建筑与装饰工程消耗量定额》(编号为 TY 01—31—2015)、《通用安装工程消耗量定额》(编号为 TY 02—31—2015)、《市政工程消耗量定额》(编号为 ZYA 1—31—2015)、《建设工程施工机械台班费用编制规则》以及《建设工程施工仪器仪表台班费用编制规则》,现印发给你们,自 2015 年 9 月 1 日起施行。执行中遇到的问题和有关建议请及时反馈我部标准定额司。

我部 1995 年发布的《全国统一建筑工程基础定额》,2002 年发布的《全国统一建筑装饰工程消耗量定额》,2000 年发布的《全国统一安装工程预算定额》,1999 年发布的《全国统一市政工程预算定额》,2001 年发布的《全国统一施工机械台班费用编制规则》,1999 年发布的《全国统一安装工程施工仪器仪表台班费用定额》同时废止。

以上定额及规则由我部标准定额研究所组织中国计划出版社出版发行。

中华人民共和国住房和城乡建设部

2015 年 3 月 4 日

目　录

附录 A　施工仪器仪表基础数据

附录 B　施工仪器仪表台班参考单价

1 总 则

1.0.1 为满足各省、自治区、直辖市和国务院有关部门(以下简称各地区、部门)编制建设工程施工仪器仪表台班费用定额的需要,统一建设工程施工仪器仪表名称、类别、编码、台班费用组成及计算方法,为编制施工仪器仪表台班费用定额提供基础数据,适应对建设工程施工仪器仪表台班单价的动态管理,制定《建设工程施工仪器仪表台班费用编制规则》(以下简称本规则)。

1.0.2 本规则适用于施工仪器仪表台班费用定额的编制。

1.0.3 本规则附录 A"施工仪器仪表基础数据"作为确定施工仪器仪表台班单价的依据。

1.0.4 本规则附录 B"施工仪器仪表台班参考单价"作为确定建设工程施工仪器仪表台班单价的参考。

2　施工仪器仪表分类及项目设置

2.0.1　施工仪器仪表划分为下列七个类别：

1　自动化仪表及系统；

2　电工仪器仪表；

3　光学仪器；

4　分析仪表；

5　试验机；

6　电子和通信测量仪器仪表；

7　专用仪器仪表。

2.0.2　施工仪器仪表的编码由9位数字组成。1、2位采用国家通用仪器仪表代码,3、4位采用国家通用仪器仪表分类代码,5、6位采用国家通用仪器仪表分项代码,7、8、9位为自编分项序列编码。

2.0.3　对性能规格相近、价格相差不大且范围有交叉的施工仪器仪表,优先选择性能规格较宽的施工仪器仪表进行项目设置。

2.0.4　对性能规格相同的进口与国产施工仪器仪表,应以国产施工仪器仪表进行项目设置。

2.0.5　应用本规则附录A,如需要增列本规则附录A以外的项目时,需报住房和城乡建设部标准定额司统一分类和编码。

3   施工仪器仪表台班单价的费用组成

3.0.1 台班单价由折旧费、维护费、校验费和动力费四项费用组成。

1 折旧费:指施工仪器仪表在耐用总台班内,陆续收回其原值的费用。

2 维护费:指施工仪器仪表各级维护、临时故障排除所需的费用及为保证仪器仪表正常使用所需备件(备品)的维护费用。

3 校验费:指按国家与地方政府规定的标定与检验的费用。

4 动力费:指施工仪器仪表在使用过程中所耗用的电费。

5 施工仪器仪表台班单价中的费用组成未包括检测软件的相关费用。

4   施工仪器仪表台班单价的计算

4.0.1   施工仪器仪表台班单价应按下列公式计算：

$$台班单价 = 台班折旧费 + 台班维护费 + 台班校验费 + 台班动力费$$

4.0.2   施工仪器仪表台班单价应按八小时工作制计算。

4.0.3   台班折旧费应按下列公式计算：

$$台班折旧费 = \frac{施工仪器仪表原值 \times (1 - 残值率)}{耐用总台班}$$

1   施工仪器仪表原值应按本规则第 5.0.3 条取定。

2   残值率指施工仪器仪表报废时回收其残余价值占施工仪器仪表原值的百分比。残值率应按国家有关规定取定。

3   耐用总台班指施工仪器仪表从开始投入使用至报废前所积累的工作总台班数量。耐用总台班应按相关技术指标取定。

$$耐用总台班 = 年工作台班 \times 折旧年限$$

1）年工作台班指施工仪器仪表在一个年度内使用的台班数量。

$$年工作台班 = 年制度工作日 \times 年使用率$$

年制度工作日应按国家规定制度工作日执行，年使用率应按实际使用情况综合取定。

2）折旧年限指施工仪器仪表逐年计提折旧费的期限。折旧年限应按国家有关规定取定。

4.0.4   台班维护费应按下列公式计算：

$$台班维护费 = \frac{年维护费}{年工作台班}$$

年维护费指施工仪器仪表在一个年度内发生的维护费用。年维护费应按相关技术指标，结合市场价格综合取定。

4.0.5   台班校验费应按下列公式计算：

$$台班校验费 = \frac{年检验费}{年工作台班}$$

年校验费指施工仪器仪表在一个年度内发生的校验费用。年校验费应按相关技术指标取定。

4.0.6   台班动力费应按下列公式计算：

$$台班动力费 = 台班耗电量 \times 电价$$

1   台班耗电量应根据施工仪器仪表不同类别，按相关技术指标综合取定。

2   电价应执行编制期工程造价管理机构发布的信息价格。

5　施工仪器仪表原值采集及取定

5.0.1　施工仪器仪表原值应按下列途径询价、采集：
　　1　编制期施工企业已购进施工仪器仪表的成交价格；
　　2　编制期施工仪器仪表展销会发布的参考价格；
　　3　编制期施工仪器仪表生产厂、经销商的销售价格；
　　4　其他能反映编制期价格水平的市场价格。

5.0.2　各地区、部门进行施工仪器仪表原值询价、采集时,应包括施工仪器仪表的名称、性能规格、成交价格、参考价格、销售价格、生产厂和附加说明。

5.0.3　施工仪器仪表原值应按下列方法取定：
　　1　对从施工企业采集的成交价格,各地区、部门可结合本地区、部门实际情况,综合取定施工仪器仪表原值；
　　2　对从施工仪器仪表展销会采集的参考价格或从施工仪器仪表生产厂、经销商采集的销售价格,各地区、部门可结合本地区、部门实际情况,测算价格调整系数取定施工仪器仪表原值；
　　3　对类别、名称、性能规格相同而生产厂家不同的施工仪器仪表,各地区、部门可根据施工企业实际购进情况,综合取定施工仪器仪表原值；
　　4　对进口与国产施工仪器仪表性能规格相同的,应以国产为准取定施工仪器仪表原值；
　　5　进口施工仪器仪表原值应按编制期国内市场价格取定；
　　6　施工仪器仪表原值应按不含一次运杂费和采购保管费的价格取定。

附录 A　施工仪器仪表基础数据

说　明

一、本基础数据设置自动化仪表及系统、电工仪器仪表、光学仪器、分析仪表、试验机、电子和通信测量仪器仪表、专用仪器仪表共计7类594个项目。

二、本基础数据选用当前技术先进的国产和进口施工仪器仪表设置项目。

三、本基础数据仅收列价值在2000元（含）以上、使用期限超过一年的施工仪器仪表。

四、本基础数据内容包括原值、折旧年限、残值率、耐用总台班、年工作台班、年使用率、年维护费、年校验费、台班耗电量。

1. 各项数据的取定均执行《建设工程施工仪器仪表台班费用编制规则》的相关规定。

2. 原值按2013年国内市场价格综合取定，未计一次运杂费和采购保管费。

3. 折旧年限执行5年，残值率执行5%。

4. 耐用总台班按相关技术指标取定，年制度工作日执行250天，年使用率取定为60%～80%。

5. 年维护费参照下表取定。维护费率指施工仪器仪表年维护费占原值的百分比，按施工仪器仪表原值划分不同档距综合取定。

序号	施工仪器仪表原值(元)	维护费率(%)	起始值(元)	年维护费(元)
1	2000～5000	5.00	100	起始值＋(原值－2000)×维护费率
2	5000～50000	2.50	250	起始值＋(原值－5000)×维护费率
3	50000～100000	2.00	1375	起始值＋(原值－50000)×维护费率
4	100000～150000	1.55	2375	起始值＋(原值－100000)×维护费率
5	150000～200000	1.15	3150	起始值＋(原值－150000)×维护费率
6	200000～250000	0.80	3725	起始值＋(原值－200000)×维护费率
7	250000～300000	0.50	4125	起始值＋(原值－250000)×维护费率
8	≥300000	0.25	4375	起始值＋(原值－300000)×维护费率

6.年校验费参照下表取定。校验费率指施工仪器仪表年校验费占原值的百分比,按施工仪器仪表原值划分不同档距综合取定。

序号	施工仪器仪表原值(元)	校验费率(%)	起始值(元)	年校验费(元)
1	2000~5000	9.00	180	起始值+(原值-2000)×校验费率
2	5000~50000	4.50	450	起始值+(原值-5000)×校验费率
3	50000~100000	3.60	2475	起始值+(原值-50000)×校验费率
4	100000~150000	2.79	4275	起始值+(原值-100000)×校验费率
5	150000~200000	2.07	5670	起始值+(原值-150000)×校验费率
6	200000~250000	1.44	6705	起始值+(原值-200000)×校验费率
7	250000~300000	0.90	7425	起始值+(原值-250000)×校验费率
8	≥300000	0.45	7875	起始值+(原值-300000)×校验费率

7.台班耗电量按相关技术指标取定。

一、自动化仪表及系统(87-01)

编码	仪器仪表名称	性 能 规 格	原值	折旧年限	残值率	耐用总台班	年工作台班	年使用率	年维护费	年校验费	台班耗电量
			元	年	%	台班	台班	%	元	元	kW·h
870110	温度仪表										
870110001	数字温度计	量程:-250~1767℃	4200	5	5	875	175	70	210.00	378.00	0.24
870110005	专业温度表	量程:-200~1372℃	2478	5	5	875	175	70	124.25	222.25	0.24
870110009	接触式测温仪	量程:-200~750℃,精度:±0.014%	28500	5	5	875	175	70	838.25	1557.50	0.24
870110010	接触式测温仪	量程:-250~1372℃	2700	5	5	875	175	70	134.75	243.25	0.24
870110014	记忆式温度计	量程:-200~1372℃	2000	5	5	875	175	70	99.75	180.25	0.24
870110018	单通道温度仪	量程:-50~300℃	4560	5	5	875	175	70	227.50	411.25	0.24
870110022	双通道测温仪	量程:-50~1000℃	3200	5	5	875	175	70	159.25	288.75	0.24
870110026	红外测温仪	量程:-50~2200℃	4468	5	5	875	175	70	224.00	402.50	0.24
870110027	红外测温仪	量程:-30~1200℃,精度:±1%	24800	5	5	875	175	70	745.50	1391.25	0.24
870110028	红外测温仪	量程:600~3000℃,精度:±1%	29800	5	5	875	175	70	869.75	1615.25	0.24
870110029	红外测温仪	量程:200~1800℃,精度:±1%	26800	5	5	875	175	70	794.50	1480.50	0.24
870110033	手持高精度低温红外测量仪	量程:-50~500℃	15800	5	5	875	175	70	519.75	985.25	0.24
870110037	温度校验仪	量程:-50~50℃	68200	5	5	875	175	70	1739.50	3405.50	0.24
870110038	温度校验仪	量程:0~100℃	57200	5	5	875	175	70	1519.00	3010.00	0.24

续表

编码	仪器仪表名称	性 能 规 格	原值	折旧年限	残值率	耐用总台班	年工作台班	年使用率	年维护费	年校验费	台班耗电量
			元	年	%	台班	台班	%	元	元	kW·h
870110039	温度校验仪	量程:33～650℃	72900	5	5	875	175	70	1832.25	3575.25	0.24
870110040	温度校验仪	量程:300～1205℃	71500	5	5	875	175	70	1804.25	3524.50	0.24
870110041	温度校验仪	量程:－10～55℃	25100	5	5	875	175	70	752.50	1405.25	0.24
870110042	温度检定箱 HWS－Ⅳ	量程:5～50℃,精度:±0.01%	78000	5	5	875	175	70	1935.00	3483.00	0.24
870110045	热电偶精密测温仪	量程:－200～1800℃	5860	5	5	875	175	70	271.25	539.00	0.24
870110049	干体式温度校验仪	量程:－20～650℃,精度:±0.06	63400	5	5	875	175	70	1643.25	3232.25	0.24
870110053	温度电信号过程校准仪	量程:0～20mA	17521	5	5	875	175	70	563.50	1064.00	0.24
870110057	温度自动检定系统	量程:热电阻0～300℃,热电偶300～1200℃	94000	5	5	875	175	70	2255.75	4334.75	0.24
870110058	温度自动检定系统	量程:300～1300℃	230000	5	5	875	175	70	3965.50	7882.00	0.24
870110062	CEM 专业红外摄温仪	量程:－50～2200℃	6188	5	5	875	175	70	280.00	553.00	0.24
870110066	红外非接触式测温仪	量程:－50～1400℃	20721	5	5	875	175	70	642.25	1207.50	0.24
870110070	标准热电偶	量程:300～1300℃	8000	5	5	875	175	70	325.50	635.25	0.24
870110074	标准铂电阻温度计	量程:0～420℃	9600	5	5	875	175	70	365.75	707.00	0.24
870110078	温度读数观测仪	量程:300～1300℃	4500	5	5	875	175	70	225.75	404.25	0.24
870110082	热电偶管状检定炉	量程:0～1800℃,精度:<±0.5%	14500	5	5	875	175	70	488.25	927.50	0.24
870110086	四通道数字测温仪	量程:在－100℃为±0.004℃,在100℃为±0.009℃。热敏电阻测量准确度在25℃为±0.0025℃,分辨率:0.0001℃	61500	5	5	875	175	70	1604.75	3164.00	0.24

续表

编码	仪器仪表名称	性能规格	原值	折旧年限	残值率	耐用总台班	年工作台班	年使用率	年维护费	年校验费	台班耗电量
			元	年	%	台班	台班	%	元	元	kW·h
870110090	低温恒温槽	恒温范围:−5~100℃	4889	5	5	875	175	70	245.00	439.25	0.24
870110094	铂锗-铂热电偶	量程:300~1300℃	3700	5	5	875	175	70	185.50	332.50	0.24
870110098	自动温度校准系统	量程:−20~650℃,精度:±0.06%	63400	5	5	875	175	70	1643.25	3232.25	0.24
870113	压力仪表										
870113001	数字压力表	量程:−90kPa~2.5MPa,精度:±0.05%	14108	5	5	875	175	70	477.75	910.00	0.24
870113002	数字压力表	量程:−100~100psi,分辨率:0.1psi,精度:±0.4%	2300	5	5	750	150	70	115.50	207.00	0.24
870113006	数字精密压力表	量程:0~60MPa	10900	5	5	875	175	70	397.25	764.75	0.24
870113010	手提式数字压力表	量程:0~600kPa~1000kPa,精度:±0.05%	44496	5	5	875	175	70	1237.25	2276.75	0.24
870113014	高精度耐高温压力表	量程:0~16MPa,精度:±0.4%	27300	5	5	875	175	70	806.75	1503.25	0.24
870113015	数字微压计	量程:3500Pa,精度:±0.5%	2230	5	5	750	150	70	111.00	201.00	0.24
870113019	数字式电子微压计	量程:压力:0~20kPa,风速:1.3~99.9m/s	29000	5	5	875	175	70	850.50	1580.25	0.24
870113020	数字式电子微压计	量程:±7000Pa	42000	5	5	875	175	70	1174.25	2164.75	0.24
870113021	数字式电子微压计	量程:±10000Pa,精度:±0.01%	7800	5	5	875	175	70	320.25	626.50	0.24
870113025	便携式电动泵压力校验仪	量程:−85kPa~1MPa	29260	5	5	875	175	70	855.75	1592.50	0.24
870113029	多功能压力校验仪	量程:−0.1~70MPa	166923	5	5	875	175	70	3344.25	6650.00	0.24
870113033	压力校验仪	量程:真空~70MPa	32000	5	5	875	175	70	925.75	1715.00	0.24
870113034	压力校验仪	量程:−100kPa~2MPa	100000	5	5	875	175	70	2374.75	4550.00	0.24
870113038	高压气动校验仪	量程:3.5MPa,精度:±0.05%	18227	5	5	875	175	70	581.00	1095.50	0.24

续表

编码	仪器仪表名称	性 能 规 格	原值	折旧年限	残值率	耐用总台班	年工作台班	年使用率	年维护费	年校验费	台班耗电量
			元	年	%	台班	台班	%	元	元	kW·h
870113042	智能数字压力校验仪	量程:0~250kPa,精度:±2%	21600	5	5	875	175	70	665.00	1247.75	0.24
870113043	智能数字压力校验仪	量程:-0.1~250MPa,精度:±0.05%	37100	5	5	875	175	70	1051.75	1944.25	0.24
870113047	高精度40通道压力采集系统	量程:0~15kHz	120000	5	5	875	175	70	2684.50	5307.75	0.24
870113051	数字压力校准器	量程:0~689kPa	16590	5	5	875	175	70	539.00	1022.00	0.24
870113055	标准压力发生器	量程:0~200kPa	58748	5	5	875	175	70	1550.50	3064.25	0.24
870113059	标准差压发生器 PASHEN	量程:0~200kPa	19440	5	5	875	175	70	610.75	1149.75	0.24
870113063	智能数字压力校验仪	量程:0~60kPa,精度:±0.02%	15200	5	5	875	175	70	505.75	959.00	0.24
870116	**流量仪表**										
870116001	数字压差计	量程:0~20kPa	4800	5	5	875	175	70	239.75	432.25	0.24
870116005	超声波流量计	量程:0.01~30m/s,精度:±1%	4500	5	5	875	175	70	225.75	404.25	0.24
870116006	超声波流量计	量程:流速>0.3m/s,精度:±0.5%,流速≤0.3m/s,精度:±0.003%	48000	5	5	875	175	70	1324.75	2434.25	0.24
870116010	便携式双探头超声波流量计	量程:流速:0~64m/s	5160	5	5	875	175	70	253.75	507.50	0.24
870122	**机械量仪表**										
870122001	单通道在线记录仪	量程(DC):10mV~50V,0.1~10mA	22240	5	5	875	175	70	680.75	1275.75	0.32
870122005	双通道在线记录仪	量程(AC):100~400V,10~500A	26943	5	5	875	175	70	798.00	1487.50	0.32
870122009	转速表	量程:50~40000rpm,(多量程),精度:显示值×(±0.05%)=±1位	10880	5	5	875	175	70	397.25	764.75	0.32
870125	**显示仪表**										
870125001	彩色监视器	最高清晰度:1250TVL	2300	5	5	875	175	70	115.50	206.50	1.00

续表

编码	仪器仪表名称	性能规格	原值	折旧年限	残值率	耐用总台班	年工作台班	年使用率	年维护费	年校验费	台班耗电量
			元	年	%	台班	台班	%	元	元	kW·h
870131	气动单元组合仪表										
870131001	气动综合校验台	综合校验	4680	5	5	875	175	70	234.50	421.75	1.20
870134	电动单元组合仪表										
870134001	电动综合校验台	综合校验	10750	5	5	875	175	70	393.75	759.50	1.20
870199	其他自动化仪表及系统										
870199001	特稳携式校验仪	量程:0~10V,4~20mA,10种热电偶,4种热电阻的稳定标准信号输出与测量,精度:±0.02%	27800	5	5	875	175	70	820.75	1526.00	0.68
870199003	无线高压核相仪	量程:0.38~550kV,同相误差≤10°,不同相误差≤15°	7500	5	5	875	175	70	313.25	612.50	0.68
870199005	现场过程信号校准仪	量程:300V/30mA	55000	5	5	875	175	70	1475.25	2929.50	0.68
870199007	综合校验仪	量程:11~300V,精度:0.01%	63540	5	5	875	175	70	1645.00	3237.50	0.68
870199009	手操器	量程:0~50000kPa,输出信号:2~4mA	45000	5	5	875	175	70	1249.50	2299.50	0.68
870199011	笔记本电脑	配置:CPU主频3.3GHz,内存4GB,硬盘1T,独立显卡	5499	5	5	875	175	70	262.50	523.25	0.68
870199013	宽行打印机	136列	2980	5	5	875	175	70	148.75	267.75	0.68
870199015	里氏硬度计	量程:HL200~960,HV32~1000,HB30~680,HRB4~100,HRC20~70,HSD32~102,精度:±4%	16750	5	5	875	175	70	544.25	1029.00	0.68
870199017	过程仪表	量程:压力:0~4MPa,温度:-40~600℃,湿度:0~100%	15000	5	5	875	175	70	500.50	950.25	0.68
870199019	数字毫秒表	量程:0.0001~9999.9s,精度:优于$5×10^{-5}$	2000	5	5	875	175	70	99.75	180.25	0.68
870199023	三参数测试仪	量程:输出电压:0~1000V,精度:±1%,恒定电流:1mA,精度:±2%,漏电流测量:20μA,200μA	5000	5	5	875	175	70	250.25	449.75	0.68

二、电工仪器仪表(87-06)

编码	仪器仪表名称	性能规格	原值	折旧年限	残值率	耐用总台班	年工作台班	年使用率	年维护费	年校验费	台班耗电量
			元	年	%	台班	台班	%	元	元	kW·h
870613	电工仪器及指针式电表										
870613001	高压直流电压表	量程:0~40kV	7200	5	5	875	175	70	304.50	598.50	0.16
870613005	数字高压表	精度:AC 1.5%,DC 1.5%	7120	5	5	875	175	70	302.75	595.00	0.16
870613009	变压器欧姆表	量程:0~2000Ω	30536	5	5	875	175	70	889.00	1648.50	0.16
870613013	兆欧表	量程:0.01Ω~20kΩ,0.1~600V	3500	5	5	875	175	70	175.00	315.00	0.16
870613014	兆欧表	量程:1000GΩ±2%,50V~1kV	23524	5	5	875	175	70	712.25	1333.50	0.16
870613018	高压兆欧表	量程:1~1000GΩ,500V~5kV	35273	5	5	875	175	70	1006.25	1862.00	0.16
870613019	高压兆欧表	量程:200GΩ/400GΩ,5kV/10kV	15772	5	5	875	175	70	519.75	985.25	0.16
870613020	高压兆欧表	量程:2000GΩ,100V~1kV	17540	5	5	875	175	70	563.50	1014.30	0.16
870613023	手持式万用表	10000 计数,真有效值	2450	5	5	875	175	70	122.50	220.50	0.16
870613024	手持式万用表	50000 计数,真有效值,PC 接口	3850	5	5	875	175	70	192.50	346.50	0.16
870613028	工业用真有效值万用表	直/交流电压:0.1mV~1000V,直/交流电流:0.1μA~10A,电阻:0.1Ω~50MΩ,电容:1nF~9999μF,频率:0.5Hz~199.99kHz,K 型热电偶温度:-200~1090℃	3390	5	5	875	175	70	169.75	304.50	0.16

续表

编码	仪器仪表名称	性 能 规 格	原值	折旧年限	残值率	耐用总台班	年工作台班	年使用率	年维护费	年校验费	台班耗电量
			元	年	%	台班	台班	%	元	元	kW·h
870613032	真有效值数据存储型万用表	直/交流电压:50mV～1000V,直/交流电流:500μA～10A,电阻:50Ω～500MΩ,电容:1nF～100mF,频率:1Hz～1MHz,K 型热电偶温度:－200～1350℃	4680	5	5	875	175	70	234.50	421.75	0.16
870613036	钳形漏电流测试仪	量程:20mA～200A	3180	5	5	875	175	70	159.25	287.00	0.16
870613037	钳形漏电流测试仪	量程:200mA～1000A	4770	5	5	875	175	70	238.00	428.75	0.16
870613041	多功能交直流钳形测量仪	量程:DC:2000A,1000V,AC:2000A,750V,R:4000Ω	2400	5	5	875	175	70	120.75	215.25	0.16
870613045	钳形交流表	量程:1000V,2000A,40MΩ	2500	5	5	875	175	70	124.25	225.75	0.16
870613049	便携式电导率表	量程:0～2000μs/cm	4280	5	5	875	175	70	213.50	385.00	0.16
870613053	绝缘油试验仪	量程:20～80kV,精度:±2%,升压速率测量误差小于0.5%,时间读数分辨率39μs,最高击穿电压设置:80kV	143590	5	5	875	175	70	3050.25	5965.75	0.16
870622	电阻测量仪器										
870622001	电桥(超高频导纳)	量程:1～100MHz,0～100ms	5000	5	5	875	175	70	250.25	449.75	0.16
870622005	电桥(导纳)	量程:300kHz～1.5MHz,0.1μs～100ms	7500	5	5	875	175	70	313.25	612.50	0.16
870622009	电桥(高频阻抗)	量程:60kHz～30MHz,0.5～32Ω	6500	5	5	875	175	70	287.00	567.00	0.16
870622013	变压比电桥	$K=1.02～1111.12$	7000	5	5	875	175	70	299.25	589.75	0.16
870622017	数字电桥	量程:0.0μH～9999H,0～100MΩ,0.0～9999μF	4655	5	5	875	175	70	232.75	418.25	0.16
870622018	数字电桥	量程:20Hz～1MHz,8600 点,精度:±0.05%	45000	5	5	875	175	70	1249.50	2299.50	0.16

续表

编码	仪器仪表名称	性 能 规 格	原值	折旧年限	残值率	耐用总台班	年工作台班	年使用率	年维护费	年校验费	台班耗电量
			元	年	%	台班	台班	%	元	元	kW·h
870622022	电压比测试仪(变比电桥)	三相:0~1000,单相:0~5000	115000	5	5	875	175	70	2607.50	5167.75	0.16
870622026	LCR 电桥	量程:12Hz~200kHz,精度:±0.05%	19900	5	5	875	175	70	623.00	1170.75	0.16
870622030	智能电桥测试仪	分辨率:0~1999μF,精度:±1.0%,量程:0~1000A,精度:±1.0%	25500	5	5	875	175	70	763.00	1422.75	0.16
870622034	电位差计	量程:1μV~1.911110V,精度:±0.01%	4420	5	5	875	175	70	220.50	397.25	0.16
870622035	电位差计	量程:1μV~4.9999V,0.1μA~19.999mA,精度:±0.05%	3500	5	5	875	175	70	175.00	315.00	0.16
870622039	钳形接地电阻测试仪	量程:0.1~1200Ω,1mA~30A	8100	5	5	875	175	70	327.25	638.75	0.16
870622043	单钳口接地电阻测试仪	量程:0.01~4000Ω	5000	5	5	875	175	70	250.25	449.75	0.16
870622047	回路电阻测试仪	量程:1~1999μΩ,分辨率:1μΩ	13000	5	5	875	175	70	449.75	859.25	0.16
870622051	高精度回路电阻测试仪	量程:0.01~6000μΩ	12000	5	5	875	175	70	425.25	815.50	0.16
870622055	接地电阻测试仪	量程:0.001Ω~299.9kΩ	40409	5	5	875	175	70	1135.75	2093.00	0.16
870622056	接地电阻测试仪	量程:0~4000Ω,精度:±2%	2000	5	5	875	175	70	99.75	180.25	0.16
870622060	接地引下线导通电阻测试仪	量程:1~1999mΩ	9000	5	5	875	175	70	350.00	680.75	0.16
870622064	高压绝缘电阻测试仪	量程:0.05~50Ω,1~100mΩ,1000V	27500	5	5	875	175	70	812.00	1512.00	0.16
870622068	交/直流低电阻测试仪	量程:1μΩ~2MΩ,精度:±0.05%	4480	5	5	875	175	70	224.00	402.50	0.16
870622072	变压器直流电阻测试仪	量程:1mΩ~4Ω,5A,1mΩ~1Ω,10A	13000	5	5	875	175	70	449.75	859.25	0.16
870622076	直流电阻测量仪	量程:1mΩ~1.999kΩ	2050	5	5	875	175	70	103.25	183.75	0.16
870622077	直流电阻测量仪	量程:0.1μΩ~199.99kΩ	12000	5	5	875	175	70	425.25	815.50	0.16

续表

编码	仪器仪表名称	性 能 规 格	原值	折旧年限	残值率	耐用总台班	年工作台班	年使用率	年维护费	年校验费	台班耗电量
			元	年	%	台班	台班	%	元	元	kW·h
870622081	等电位连接电阻测试仪	量程:0.1~200Ω,精度:±3%	3600	5	5	875	175	70	180.25	323.75	0.16
870622085	直流电阻速测仪	量程:0~20kΩ	68700	5	5	875	175	70	1748.25	3423.00	0.16
870622089	交流阻抗测试仪	量程:电流:100mA~50A,精度:±0.5%,电压:10~500V,精度:±0.5%	47008	5	5	875	175	70	1300.25	2390.50	0.16
870622093	变压器短路阻抗测试仪	量程:电压:25~500V,精度:±0.1%;电流:0.5~50A,精度:±0.1%;阻抗:0~100%,精度:±0.1%;功率:15W~10kW,精度:±0.2%	30500	5	5	875	175	70	887.25	1646.75	0.16
870622097	断路器动特性综合测试仪	输入电源:AC 220V,输出电压:DC 30~250V,输出电流:≤20.00A,时间:0.1~16000.0ms,精度:0.1% ±0.1ms,速度:0.1~20.00m/s,精度:1% ±0.1m/s,行程:0.1~600.0mm,精度:1% ±1mm,合闸电阻:≤7000Ω	127350	5	5	875	175	70	2798.25	5512.50	0.16
870622101	变压器绕组变形测试仪	量程:1kHz~2MHz,扫频点:2000,精度:±1%	37100	5	5	875	175	70	1051.75	1944.25	0.16
870622105	精密标准电阻箱	量程:0.01~111111.11Ω	2500	5	5	875	175	70	124.25	225.75	0.16
870622109	互感器测试仪	量程:HES-1Bx,3.0级	20000	5	5	875	175	70	624.75	1174.25	0.16
870622113	导通测试仪	量程:1mΩ~2Ω,精度:±0.2%	10850	5	5	875	175	70	395.50	763.00	0.16
870622117	水内冷发电机绝缘特性测试仪	量程:40MΩ~10GΩ,精度:±5%	75000	5	5	875	175	70	1874.25	3650.50	0.16
870628	记录电表、电磁示波器										

续表

编码	仪器仪表名称	性 能 规 格	原值	折旧年限	残值率	耐用总台班	年工作台班	年使用率	年维护费	年校验费	台班耗电量
			元	年	%	台班	台班	%	元	元	kW·h
870628001	高速信号录波仪	连续:200kS/s,瞬间:2MS/s	32000	5	5	875	175	70	925.75	1715.00	0.36
870628005	电量记录分析仪	量程:电压: -400~400V,(多量程),电流: -20~20mA	105000	5	5	875	175	70	2451.75	4889.50	0.34
870628009	数据记录仪	8 通道	51160	5	5	875	175	70	1398.25	2791.25	0.34
870699	**其他电工仪器、仪表**										
870699001	调频串联谐振交流耐压试验装置	量程:132kV/A27	87000	5	5	875	175	70	2115.75	4082.75	0.64
870699005	调速系统动态测试仪	密度:0~3g/cm³,精度: ±0.001%,温度:0~100℃,精度: ±0.5%	80500	5	5	875	175	70	1984.50	3848.25	0.64
870699009	变比自动测量仪	$K = 1 \sim 1000$	21200	5	5	875	175	70	654.50	1228.50	0.64
870699013	电能表校验仪	量程:200~2000V·A	46000	5	5	875	175	70	1275.75	2345.00	0.64
870699017	三相便携式电能表校验仪	量程:0~360W,准确度等级:0.2 级、0.3 级	125390	5	5	875	175	70	2768.50	5458.25	0.64
870699021	继电器检验仪	功率差动	28200	5	5	875	175	70	829.50	1543.50	0.64
870699022	继电器试验仪	量程:0~450V,0~60A	391140	5	5	875	175	70	4602.50	9159.50	0.64
870699026	真空断路器测试仪	量程:$10^{-5} \sim 10^{-1}$Pa	24000	5	5	875	175	70	724.50	1354.50	0.64
870699027	真空断路器测试仪	量程:10~60kV	60930	5	5	875	175	70	1594.25	3143.00	0.64
870699031	电感电容测试仪	电容:2~2000μF,电感:5~500mH	2850	5	5	875	175	70	141.75	257.25	0.64

续表

编码	仪器仪表名称	性能规格	原值	折旧年限	残值率	耐用总台班	年工作台班	年使用率	年维护费	年校验费	台班耗电量
			元	年	%	台班	台班	%	元	元	kW·h
870699035	电压电流互感器二次负荷在线测试仪	比差:0.001%～19.99%,角差:0.01′～599′	19500	5	5	875	175	70	612.50	1153.25	0.64
870699039	压降测试仪	量程:比差:0.001%～19.99%,角差:0.01′～599′,分辨率:比差 0.001%,角差 0.01′,导纳:1～50.0ms	35000	5	5	875	175	70	999.25	1849.75	0.64
870699043	伏安特性测试仪	量程:0～600V,0～100A	40000	5	5	875	175	70	1125.25	2075.50	0.64
870699047	三相多功能钳形相位伏安表	量程:U:45～450V,精度:±0.5%,I:1.5mA～10A,精度:±0.5%,Φ:0～360°,精度:±1.0°,F:45～65Hz,精度:±0.03%,P:220±40V,精度:±0.5%,PF:220±40V,精度:±0.01%	11800	5	5	875	175	70	420.00	806.75	0.64
870699051	全自动变比组别测试仪	$K=1～1000$,精度:±0.2%	11500	5	5	875	175	70	413.00	792.75	0.64
870699052	全自动变比组别测试仪	$K=1～9999.9$	10000	5	5	875	175	70	374.50	724.50	0.64
870699056	多功能电能表现场校验仪	电能测量:0.1 级(内部互感器),0.2 级(电流钳),电压:110～400V,内部电流钳 10A,外部电流钳 30A 或 100A	18000	5	5	875	175	70	575.75	1085.00	0.64
870699060	电能校验仪	电流:AC:6×(0～12.5)A,3×(0～25)A,1×(0～75)A,DC:±75A,电压:AC:4×(0～300)V,3×(0～300)V,1×(0～600)V,DC:4×(0～±300)V	23000	5	5	875	175	70	700.00	1310.75	0.64
870699064	2000A 大电流发生器	量程:输出电流:串联 2000A,并联 4000A,精度:±0.5%	20512	5	5	875	175	70	637.00	1198.75	0.64

续表

编码	仪器仪表名称	性 能 规 格	原值	折旧年限	残值率	耐用总台班	年工作台班	年使用率	年维护费	年校验费	台班耗电量
			元	年	%	台班	台班	%	元	元	kW·h
870699068	相位表	量程:电压:20～500V,精度:±1.2%,电流:200mA～10A,精度:±1%,相位:0～360°,精度:±0.03%	5600	5	5	875	175	70	264.25	526.75	0.64
870699072	相序表	量程:70～1000VAC,频率:45～66Hz	2000	5	5	875	175	70	99.75	180.25	0.64
870699076	微机继电保护测试仪	量程:0.1ms～9999s,精度:0.1ms	52300	5	5	875	175	70	1421.00	2833.25	0.64
870699080	继电保护检验仪	量程:AC:0～20A,0～120V,DC:0～20A,0～300V,(三相)	180000	5	5	875	175	70	3494.75	6921.25	0.64
870699084	继电保护装置试验仪	量程:相电压:3×(0～65)V,线电压:3×(0～112)V,精度:±0.5%,电流:三相30A,三相并联60A,精度:±0.5%	37000	5	5	875	175	70	1050.00	1940.75	0.64
870699088	交直流高压分压器(100kV)	量程:分压器阻抗:1200MΩ,电压等级 AC:100kV,DC:100kV,精度:AC:±1.0%,DC:±0.5%,分压比:1000:1	16800	5	5	875	175	70	544.25	1030.75	0.64
870699092	YDQ 充气式试验变压器	量程:1～500kV·A,空载电流:<7%,阻抗电压:<8%	39430	5	5	875	175	70	1111.25	2049.25	0.64
870699096	高压试验变压器配套操作箱、调压器	TEDGC－50/0.38/0～0.42	27000	5	5	875	175	70	799.75	1489.25	0.64
870699100	发电机转子交流阻抗测试仪	量程:阻抗:0～999.999Ω,电压:10～500V,电流:100mA～50A	34500	5	5	875	175	70	987.00	1827.00	0.64
870699104	发电机定子端部绝缘监测杆	量程:DC:0～20kV,0～1000μA,精度:1.0级,阻抗:100MΩ	93210	5	5	875	175	70	2240.00	4305.00	0.64
870699108	工频线路参数测试仪	量程:0～750V,0～100A,精度:±0.5%	38000	5	5	875	175	70	1074.50	1984.50	0.64

续表

编码	仪器仪表名称	性能规格	原值	折旧年限	残值率	耐用总台班	年工作台班	年使用率	年维护费	年校验费	台班耗电量
			元	年	%	台班	台班	%	元	元	kW·h
870699112	电路分析仪	量程:相电压:85~265VAC,精度:±1%,频率:45~65Hz,精度:±1%,电压降:0.1%~99%,线阻抗:3Ω	52420	5	5	875	175	70	1422.75	2836.75	0.64
870699116	电力谐波测试仪	量程:功率:0~600kW,峰值:0~2000kW,电流:1~1000mA(AC+DC),电压:5~600V(AC+DC),谐波:基波:31次谐波	16500	5	5	875	175	70	537.25	1016.75	0.64
870699120	调谐试验装置	XSB-720/60	193000	5	5	875	175	70	3645.25	7190.75	0.64
870699124	最佳阻容调节器 RCK	500kV:隔直工频阻抗:0.05Ω,耐受持续的250ms冲击电流:25kA,耐受4s电流冲击25kA 220kV:隔直工频阻抗0.096Ω,耐受持续的250ms冲击电流15kA,耐受4s电流冲击9.5kA	195600	5	5	875	175	70	3675.00	7243.25	0.64
870699128	线路参数测试仪	量程:电容:0.1~30μF,分辨率:0.01μF,阻抗:0.1~400Ω,分辨率:0.01Ω,阻抗角:0.1°~360°,分辨率:0.01°	141025	5	5	875	175	70	3011.75	5894.00	0.64
870699132	综合测试仪	开路电压:(200~5500)V±10%,50Ω负载时波形:100~2750V,单个脉冲上升时间 T_r:5ns±30%,单个脉冲持续时间 T_d:50ns±30%,1000Ω负载时波形:200~5500V,单个脉冲上升时间 T_r:5ns±30%,单个脉冲持续时间 T_d:35~50ns,源阻抗:$Zq=50Ω±20\%$	350256	5	5	875	175	70	4501.00	8975.75	0.64
870699136	现场测试仪	综合测试	36060	5	5	875	175	70	1027.25	1897.00	0.64

续表

编码	仪器仪表名称	性能规格	原值	折旧年限	残值率	耐用总台班	年工作台班	年使用率	年维护费	年校验费	台班耗电量
			元	年	%	台班	台班	%	元	元	kW·h
870699140	多倍频感应耐压试验器	量程:10kVA	27000	5	5	875	175	70	799.75	1489.25	0.64
870699144	高压核相仪	量程:0~10kV	12090	5	5	875	175	70	427.00	819.00	0.64
870699148	高压开关特性测试仪	量程:0~999.9ms	36940	5	5	875	175	70	1048.25	1937.25	0.64
870699152	高压试验成套装置	量程:0~200kV AC	677880	5	5	875	175	70	5320.00	10451.00	0.64
870699156	自动介损测试仪	量程:0.1%<tanδ<50%,3pF<C_x<60000pF,10kV 时,C_x≤30000pF,5kV 时,C_x≤60000pF	36065	5	5	875	175	70	1027.25	1898.75	0.64
870699160	多功能信号校验仪	测量:输出和模拟 mA、mV、V、欧姆、频率和多种 RTD、T/C 信号	97150	5	5	875	175	70	2318.75	4446.75	0.64
870699164	TPFRC 电容分压器交直流高压测量系统	量程:AC/DC 0~300kV(选择购买),分压比:K=1000,精度:±0.5%	88800	5	5	875	175	70	2150.75	4147.50	0.64
870699168	变压器特性综合测试台	量程:10~1600kVA,精度:0.2 级,输出电压:0~430V(可调)	86700	5	5	875	175	70	2108.75	4070.50	0.64
870699172	振动动态信号采集分析系统	范围:16、32、48、64 点的测量系统	58330	5	5	875	175	70	1541.75	3050.25	0.64
870699176	保护故障子站模拟系统	子站信息采集	72640	5	5	875	175	70	1827.00	3564.75	0.64
870699180	绝缘耐压测试仪	量程:0~500V	4100	5	5	875	175	70	204.75	369.25	0.64
870699184	静电测试仪	低量程:±1.49kV;高量程:±1~20kV	3650	5	5	875	175	70	182.00	329.00	0.64
870699188	三相精密测试电源	量程:100V、220V、380V	96480	5	5	875	175	70	2304.75	4424.00	0.64
870699192	关口计量表测试专用车	关口计量表测试专用车	612180	5	5	875	175	70	5155.50	10155.25	50.00

三、光学仪器(87 - 11)

编码	仪器仪表名称	性能规格	原值	折旧年限	残值率	耐用总台班	年工作台班	年使用率	年维护费	年校验费	台班耗电量
			元	年	%	台班	台班	%	元	元	kW·h
871113	大地测量仪器										
871113001	经纬仪	最短视距:0.2m,放大倍数:32x	46000	5	5	750	150	70	1275.00	2344.50	0.48
871113005	电子经纬仪	最小视距:1.4m,放大倍数:3x 调焦,量程:0.5m~∝,视场角:5°	7000	5	5	875	175	70	299.25	589.75	0.48
871113009	光学经纬仪	水平方向标准偏差:≤±0.8″,垂直方向标准偏差:≤±6″,视场角:1°30′,最短视距:2m	12500	5	5	875	175	70	437.50	838.25	0.48
871113013	电子水准仪	观测精度:±0.3mm,最小显示:0.01mm/5′,安平精度:±0.2%	43000	5	5	875	175	70	1200.50	2210.25	0.48
871113014	电子水准仪	量程:1.5~100m,精度:±0.3%	98000	5	5	875	175	70	2334.50	4478.25	0.48
871113018	激光测距仪	量程:4~1000m,精度:±1%	9500	5	5	875	175	70	362.25	701.75	0.48
871113019	激光测距仪	量程:100~25000m,精度:±6%	280000	5	5	875	175	70	4275.25	8520.75	0.48
871113023	手持式激光测距仪	量程:0.2~200m,精度:±1.5%	11800	5	5	875	175	70	420.00	806.75	0.48
871119	物理光学仪器										
871119001	固定式看谱镜	量程:390~700nm,分辨率:0.05~0.11nm	16000	5	5	875	175	70	525.00	995.75	0.48
871119005	原子吸收分光光度计	波长:190~900nm	74000	5	5	875	175	70	1855.00	3613.75	0.48
871119009	可见分光光度计	波长:340~900nm	85000	5	5	875	175	70	2075.50	4009.25	0.48
871119013	红外光谱仪	光谱范围:4000~400cm−1,精度:1.5cm−1	118000	5	5	875	175	70	2654.75	5251.75	0.48

续表

编码	仪器仪表名称	性能规格	原值	折旧年限	残值率	耐用总台班	年工作台班	年使用率	年维护费	年校验费	台班耗电量
			元	年	%	台班	台班	%	元	元	kW·h
871119017	光谱分析仪	量程:600~1750nm	392519	5	5	875	175	70	4606.00	9166.50	0.48
871119021	偏振模色散分析仪	波长:1500~1600nm,色散系数:0.1~75ps	590600	5	5	875	175	70	5101.25	10057.25	0.48
871119025	光源	波长:1310/1550nm,功率:-7dBm	3200	5	5	875	175	70	159.25	288.75	0.48
871119029	高稳定度光源	波长:1310/1550nm	25920	5	5	875	175	70	773.50	1442.00	0.48
871119033	可调激光源	波长:1500~1580nm	358723	5	5	875	175	70	4522.00	9014.25	0.48
871119037	紫外线灯	波长:365nm,紫外线:3500~90000μW/cm²	11800	5	5	750	150	60	420.00	805.50	0.48
871119041	专业级照度计	量程:0.01~999900Lux,分辨率:0.01Lux,精度:±3%	2200	5	5	750	150	60	109.50	198.00	0.48
871119045	彩色亮度计	色温:1500~25000K,亮度:0.01~32000000cd/m²,精度:±3%	26800	5	5	750	150	60	795.00	1480.50	0.48
871119049	成像亮度计	亮度:0.01cd/m²~15kcd/m²,精度:±5%	51800	5	5	750	150	60	1411.50	2815.50	0.48
871119053	数字照度计	量程:0.1~19990Lux,精度:±5%	10010	5	5	750	150	60	375.00	726.00	0.48
871119057	色度计	量程:380~780nm,精度:±0.3nm	122000	5	5	750	150	60	2716.50	5364.00	0.48
871122	**光学测试仪器**										
871122001	光纤测试仪	860±20nm	217745	5	5	875	175	70	3867.50	7705.25	0.56
871122002	光纤测试仪	量程:-70~3dBm	25000	5	5	875	175	70	750.75	1400.00	0.56
871122006	智能型光导抗干扰介损测量仪	介损:0~50%,分辨率:0.0001,电容:$C_x \leq$60000pF,分辨率:0.1pF	23500	5	5	750	150	70	435.00	1332.00	0.56
871122010	手持光损耗测试仪	波长:850~1650nm	6500	5	5	875	175	70	287.00	567.00	0.56
871122011	手持光损耗测试仪	波长:0.85/1.3/1.55nm	3000	5	5	875	175	70	150.50	269.50	0.56

续表

编码	仪器仪表名称	性能规格	原值	折旧年限	残值率	耐用总台班	年工作台班	年使用率	年维护费	年校验费	台班耗电量
			元	年	%	台班	台班	%	元	元	kW·h
871122015	光纤接口试验设备	传输速率:10/100,传输距离:2km,接口:RJ-45,ST	3581	5	5	875	175	70	178.50	322.00	0.56
871122019	光时域反射计	波长:850/1300/1310/1550nm,动态量程:22dB(mm),26dB(sm)	12000	5	5	875	175	70	425.25	815.50	0.56
871122020	光时域反射计	波长:1310/1550nm,动态量程:34/32dB	16000	5	5	875	175	70	525.00	995.75	0.56
871122021	光时域反射仪	波长:1310/1490/1550/1625nm±20nm	80000	5	5	875	175	70	1975.75	3830.75	0.56
871122022	光时域反射计	动态量程:45dB,最小测试距离:0.8m	30000	5	5	875	175	70	875.00	1625.75	0.56
871122026	光纤熔接机	单模、多模	85000	5	5	875	175	70	2075.50	4009.25	0.56
871122030	光功率计	量程:-75~25dBm,波长:750~1700nm	42286	5	5	875	175	70	1183.00	2178.75	0.56
871122034	光衰减器	最大衰减:65dB	42094	5	5	875	175	70	1177.75	2170.00	0.56
871122038	可编程光衰减器	量程:0~60dB	67609	5	5	875	175	70	1727.25	3384.50	0.56
871122042	DWDM系统分析仪	波长:1450~1650nm,通道数:256	208558	5	5	875	175	70	3794.00	7574.00	0.56
871122046	光纤寻障仪	量程:60km	18000	5	5	875	175	70	575.75	1085.00	0.56
871122050	手提式光纤多用表	量程:-70~0dB	10635	5	5	875	175	70	390.25	754.25	0.56
871134	**红外仪器**										
871134001	红外热像仪	量程:-20~1200℃,bx:-20~650℃	208000	5	5	875	175	70	3788.75	7565.25	0.24
871134002	红外热像仪	量程:-40~650℃,高温选项达2000℃	338000	5	5	875	175	70	4469.50	8921.50	0.24
871134006	红外成像仪	640×480像素	613000	5	5	875	175	70	5157.25	10158.75	0.24
871137	**激光仪器**										
871137001	激光轴对中仪	最大穿透:50mm(A3钢)	77000	5	5	875	175	70	3090.50	3722.25	0.32

四、分析仪表(87-16)

编码	仪器仪表名称	性能规格	原值	折旧年限	残值率	耐用总台班	年工作台班	年使用率	年维护费	年校验费	台班耗电量
			元	年	%	台班	台班	%	元	元	kW·h
871610	电化学分析仪器										
871610001	pH测试仪	量程:0.00~14.00,分辨率:0.01,精度:±0.01	3563	5	5	750	150	60	178.50	321.00	0.32
871610009	台式PH/ISE测试仪	分辨率:-2.000~19.999ISE,量程:0~19900,分辨率:1,精度:±0.05%	31800	5	5	750	150	60	919.50	1705.50	0.32
871625	色谱仪										
871625001	便携式电力变压器油色谱分析仪	升温速度:1~10℃/s,灵敏度:5×10⁻¹¹g/s,线性量程:106,敏感度:$S \geqslant 3000$mV·mL/mg,噪声:$\leqslant 20\mu V$,漂移:$\leqslant 50\mu V/min$	217094	5	5	750	150	60	3862.50	7696.50	3.20
871625005	油色谱分析仪	检测限:$M_t \leqslant 8 \times 10 \sim 12$g/s,噪声:$\leqslant 5 \times 10 \sim 14$A,漂移:$\leqslant 1 \times 10 \sim 13$A/30min,灵敏度:$S \geqslant 3000$mV·mL/mg,噪声:$\leqslant 20\mu V$,漂移:$\leqslant 30\mu V/min$	135000	5	5	750	150	60	2917.50	5727.00	3.20
871625009	离子色谱仪	物理分辨率:0.0047nS/cm	150000	5	5	750	150	60	3150.00	6145.50	3.20
871631	物理特性分析仪器及校准仪器										
871631001	精密数字温湿度计	储存温度:-30~70℃,操作温度:-20~50℃	28400	5	5	750	150	60	835.50	1552.50	0.68

续表

编码	仪器仪表名称	性 能 规 格	原值	折旧年限	残值率	耐用总台班	年工作台班	年使用率	年维护费	年校验费	台班耗电量
			元	年	%	台班	台班	%	元	元	kW·h
871631005	毛发高清湿度计	温度量程: -25 ~ 40℃,湿度量程:30 ~ 100% RH	2196	5	5	750	150	60	109.50	198.00	0.68
871631009	浊度仪	量程:0 ~ 500	8000	5	5	750	150	60	325.50	634.50	0.68
871631013	可拆式烟尘采样枪	量程:0.8 ~ 3m	24600	5	5	750	150	60	740.00	1332.00	0.68
871634	环境监测专用仪器及综合分析装置										
871634001	多功能环境检测仪	声级:30 ~ 130dB,照度:0 ~ 2000Lux,风速: 0.5 ~ 20m/s,风量:0 ~ 999900ppm	2000	5	5	750	150	60	100.50	180.00	0.68
871634009	便捷式污染检测仪	5 ~ 150μm 颗粒污染	15000	5	5	750	150	60	500.00	900.00	0.68
871634025	χ-γ辐射剂测量仪	量程:(1 ~ 100000)×10^{-8}Gy/h	3600	5	5	750	150	60	180.00	324.00	0.68
871634033	粒子计数器	粒径通道:0.3、0.5、1.0、2.0、5.0、10.0μm,流量:0.1CFM	55983	5	5	750	150	60	1494.00	2965.50	0.68
871634041	微电脑激光粉尘仪	量程:0.01 ~ 100mg,重复性:±2%,精度: ±10%	24800	5	5	750	150	60	745.50	1390.50	0.68
871634049	激光尘埃粒子计数器	通道1:0.3μm,通道2:0.5、1、3、5μm	19800	5	5	750	150	60	619.50	1165.50	0.68
871634057	尘埃粒子计数器	量程:0.3 ~ 5.0μm	34800	5	5	750	150	60	994.50	1840.50	0.68
871634065	粉尘快速测试仪	流量:5 ~ 80L/min	17500	5	5	750	150	60	562.50	1062.00	0.68
871634073	便携式烟气预处理器	量程:0 ~ 120℃	19600	5	5	750	150	60	615.00	1156.50	0.68
871634081	烟尘测试仪	量程:5 ~ 80L/min	24600	5	5	750	150	60	739.50	1381.50	0.68

续表

编码	仪器仪表名称	性能规格	原值	折旧年限	残值率	耐用总台班	年工作台班	年使用率	年维护费	年校验费	台班耗电量
			元	年	%	台班	台班	%	元	元	kW·h
871634089	四合一粒子计数器	粒径通道:0.3、0.5、1.0、2.5、5.0、10μm,空气温度量程:0~50℃,精度:±0.5℃,量程:0.01~5.00ppm,精度:±5% ±0.01ppm,CO量程:0~1000ppm,精度:±5% ±10ppm	9988	5	5	750	150	60	375.00	724.50	0.68
871634097	便携式污染检测仪	精确目测5~150μm颗粒污染	15000	5	5	750	150	60	499.50	949.50	0.68
871634105	便携式精密露点仪	精度:±0.5%,0.3kW	58000	5	5	750	150	60	1534.50	3037.50	0.68
871634113	噪声分析仪	量程:25~130dB	9700	5	5	750	150	60	367.50	711.00	0.68
871634121	精密噪声分析仪	量程:28~138dB,频率:20Hz~8kHz	48000	5	5	750	150	60	1324.50	2434.50	0.68
871634129	噪声计	量程:30~130dB,分辨率:0.1dB,精度:±1.5%,频率:31.5Hz~8kHz	4560	5	5	750	150	60	228.00	411.00	0.68
871634137	噪声系数测试仪	量程:10MHz~18GHz	35000	5	5	750	150	60	1000.50	1849.50	0.68
871634145	噪声测试仪	量程:0~30dB,频率:10MHz~26.5GHz	34500	5	5	750	150	60	987.00	1827.00	0.68
871634153	数字杂音计	频率:30Hz~20kHz,电平:-100~20dB	6403	5	5	750	150	60	285.00	562.50	0.68
871634161	2通道建筑声学测量仪	建筑物内两室之间空气隔声现场测量、外墙构件和外墙面空气隔声测量、楼板撞击声隔声测量、室内混响时间测量和平均声压测量	86000	5	5	750	150	60	2095.50	4045.50	0.68
871634169	总有机碳分析仪	50g/L	18500	5	5	750	150	60	588.00	1107.00	0.68
871634177	余氯分析仪	量程:0~2.5mg/L	4800	5	5	750	150	60	240.00	432.00	0.68
871634185	氧量分析仪	气体流量:200mL/min	12800	5	5	750	150	60	445.50	850.50	0.68

续表

编码	仪器仪表名称	性能规格	原值	折旧年限	残值率	耐用总台班	年工作台班	年使用率	年维护费	年校验费	台班耗电量
			元	年	%	台班	台班	%	元	元	kW·h
871634193	旋转腐蚀挂片试验仪	72.4×11.5×2	14000	5	5	750	150	60	475.50	904.50	0.68
871634201	煤粉气流筛	气流量:360m³/h	56200	5	5	750	150	60	1498.50	2973.00	0.68
871634209	BOD 测试仪	量程:0.00~90.0mg/L,0.0~600%,分辨率:0.1/0.01mg/L,1/0.1%	27800	5	5	750	150	60	820.50	1525.50	0.68
871637	校准仪										
871637001	多功能校准仪	直流电压:-10.00mV~30.00V,精度:0.02%,直流电流:24.00mA,精度:0.02%,频率:1.00Hz~10kHz,精度:0.05%	21260	5	5	750	150	60	657.00	1231.50	0.26
871640	校验仪										
871640001	过程校验仪	电压:0~30V,电流:0~24mA,频率:1~10000Hz,电阻:0~3200Ω	33478	5	5	750	150	60	961.50	1782.00	0.26
871640009	高精度多功能过程校验仪	电压:0~250V,精度:±0.015%,电流:4~20mA,精度:±0.015%,电阻:0~4000Ω,精度:±0.01%,频率:1~10kHz,精度:±0.05%,脉冲:2CPM~10kHz,精度:±0.05%	105556	5	5	750	150	60	2461.50	4905.00	0.26
871640017	回路校验仪	量程(DC):24V,精度:±10%	61300	5	5	750	150	60	1600.50	3157.50	0.26
871640025	多功能校验仪	量程:-0.1~70MPa	166923	5	5	750	150	60	3345.00	6651.00	0.26
871699	其他分析仪器										
871699001	过程回路排障表	量程:4~20mA	8093	5	5	750	150	60	327.00	639.00	0.30

五、试验机(87－21)

编码	仪器仪表名称	性 能 规 格	原值	折旧年限	残值率	耐用总台班	年工作台班	年使用率	年维护费	年校验费	台班耗电量
			元	年	%	台班	台班	%	元	元	kW·h
872119	测力仪										
872119001	标准测力仪	量程:30kN	5800	5	5	750	150	60	270.00	535.50	0.16
872119002	标准测力仪	量程:300kN	7900	5	5	750	150	60	322.50	630.00	0.16
872128	探伤仪器										
872128001	探伤机	最大穿透力:29mm	18000	5	5	750	150	60	574.50	1084.50	0.24
872128002	探伤仪	退磁效果:≤0.2mT	6000	5	5	750	150	60	274.50	544.50	0.24
872128010	磁粉探伤仪	最佳气隙约:0.5~1mm	8000	5	5	750	150	60	325.50	634.50	0.24
872128011	磁粉探伤仪	最大穿透力:39mm(A3 钢)	36000	5	5	750	150	60	1024.50	1894.50	0.24
872128019	X 射线探伤机	最大穿透力:75mm	60000	5	5	750	150	60	1575.00	3109.50	0.24
872128020	X 射线探伤机	穿透厚度:4~40mm	79000	5	5	750	150	60	1954.50	3793.50	0.24
872128028	超声波探伤仪	扫描量程:0~4500mm,频率:0.5~10MHz	98000	5	5	750	150	60	2335.50	4477.50	0.24
872128029	超声波探伤仪	扫描量程:0.0~10000mm,声速量程:1000~15000m/s,脉冲移位:-20~3000μs	59800	5	5	750	150	60	1570.50	3103.50	0.24
872128030	超声波探伤仪	量程:DN15~DN100mm,流体温度≤110℃	14000	5	5	750	150	60	475.50	904.50	0.24
872128038	彩屏超声波探伤仪	扫描量程:0.5~4000mm,频率量程:0.4~20MHz	28000	5	5	750	150	60	825.00	1534.50	0.24

续表

编码	仪器仪表名称	性 能 规 格	原值	折旧年限	残值率	耐用总台班	年工作台班	年使用率	年维护费	年校验费	台班耗电量
			元	年	%	台班	台班	%	元	元	kW·h
872128046	γ射线探伤仪(Ir192)	透照厚度:10~80mm(Fe),300mm(混凝土)	2980	5	5	750	150	60	148.50	268.50	0.24
872131	**防腐层检测仪**										
872131001	防腐层检测仪	量程:0~5000μm	3500	5	5	750	150	60	175.50	315.00	0.24
872134	**扭矩测试仪**										
872134001	动态扭矩测试仪	量程:1~500N·m	42700	5	5	750	150	60	1914.00	2196.00	0.24

六、电子和通信测量仪器仪表（87 - 31）

编码	仪器仪表名称	性能规格	原值	折旧年限	残值率	耐用总台班	年工作台班	年使用率	年维护费	年校验费	台班耗电量
			元	年	%	台班	台班	%	元	元	kW·h
873110	信号发生器										
873110001	低频信号发生器	范围:1Hz~1MHz	3850	5	5	1000	200	80	192.00	346.00	0.68
873110003	标准信号发生器	范围:0.05~1040MHz	4500	5	5	1000	200	80	226.00	406.00	0.68
873110004	标准信号发生器	范围:1~2GHz,输出:≥10mV	7000	5	5	1000	200	80	300.00	590.00	0.68
873110005	标准信号发生器	范围:2~4GHz,输出:≥100mV	5700	5	5	1000	200	80	268.00	532.00	0.68
873110006	标准信号发生器	范围:4~7.5GHz,输出:5mW	6850	5	5	1000	200	80	296.00	584.00	0.68
873110007	标准信号发生器	范围:8.2~10GHz,输出:≥1mW	10100	5	5	1000	200	80	378.00	730.00	0.68
873110008	标准信号发生器	范围:12.4~18GHz,输出:5mV	7900	5	5	1000	200	80	322.00	630.00	0.68
873110010	微波信号发生器	范围:0.8~2.4GHz	4300	5	5	1000	200	80	216.00	388.00	0.68
873110011	微波信号发生器	范围:2~4GHz,输出:≥15mV	9700	5	5	1000	200	80	368.00	712.00	0.68
873110012	微波信号发生器	范围:3.8~8.2GHz,输出:5mV	13000	5	5	1000	200	80	450.00	860.00	0.68
873110014	扫频信号发生器	范围:450~950MHz	8700	5	5	1000	200	80	342.00	666.00	0.68
873110015	扫频信号发生器	范围:0.01~1GHz	15500	5	5	1000	200	80	512.00	972.00	0.68
873110016	扫频信号发生器	范围:2~8GHz	53000	5	5	1000	200	80	1436.00	2858.00	0.68
873110017	扫频信号发生器	范围:8~12.4GHz	47500	5	5	1000	200	80	1312.00	2412.00	0.68

续表

编码	仪器仪表名称	性能规格	原值	折旧年限	残值率	耐用总台班	年工作台班	年使用率	年维护费	年校验费	台班耗电量
			元	年	%	台班	台班	%	元	元	kW·h
873110018	扫频信号发生器	范围:10~18.62GHz	53000	5	5	1000	200	80	1436.00	2858.00	0.68
873110019	扫频信号发生器	范围:26.5~40GHz	109000	5	5	1000	200	80	2514.00	5002.00	0.68
873110020	扫频信号发生器	范围:10MHz~20GHz	187460	5	5	1000	200	80	3580.00	7076.00	0.68
873110022	合成扫频信号源	范围:0.01~40GHz	350000	5	5	1000	200	80	4500.00	8976.00	0.68
873110023	合成信号发生器	范围:0.1~3200MHz	14500	5	5	1000	200	80	488.00	928.00	0.68
873110025	频率合成信号发生器	范围:2~18MHz	200500	5	5	1000	200	80	3730.00	7458.00	0.68
873110026	频率合成信号发生器	范围:100kHz~1050MHz	71500	5	5	1000	200	80	1806.00	3524.00	0.68
873110028	脉冲信号发生器	范围:0~125MHz	48842	5	5	1000	200	80	1346.00	2472.00	0.68
873110029	脉冲信号发生器	范围:10kHz~200MHz	20000	5	5	1000	200	80	626.00	1176.00	0.68
873110030	脉冲码型发生器	范围:0~660MHz	169877	5	5	1000	200	80	3378.00	6712.00	0.68
873110032	双脉冲信号发生器	范围:100Hz~10MHz	4000	5	5	1000	200	80	200.00	360.00	0.68
873110033	双脉冲信号发生器	范围:3kHz~100MHz	20000	5	5	1000	200	80	626.00	1176.00	0.68
873110035	函数信号发生器	范围:0.01Hz~20MHz	2500	5	5	1000	200	80	126.00	226.00	0.68
873110037	噪声信号发生器	范围:10MHz~20GHz	2000	5	5	1000	200	80	100.00	180.00	0.68
873110039	标准噪声发生器	范围:18~26.5GHz	6300	5	5	1000	200	80	282.00	558.00	0.68
873110040	标准噪声发生器	范围:26.5~40GHz	6750	5	5	1000	200	80	294.00	578.00	0.68
873110041	标准噪声发生器	范围:40~60GHz	8200	5	5	1000	200	80	330.00	644.00	0.68
873110043	电视信号发生器	PAL/NTSL/SECAM 全制式	2600	5	5	1000	200	80	130.00	234.00	0.68

续表

编码	仪器仪表名称	性 能 规 格	原值	折旧年限	残值率	耐用总台班	年工作台班	年使用率	年维护费	年校验费	台班耗电量
			元	年	%	台班	台班	%	元	元	kW·h
873110044	电视信号发生器	14 种图像内外伴音	5500	5	5	1000	200	80	262.00	522.00	0.68
873110045	电视信号发生器	16 种图像	8500	5	5	1000	200	80	338.00	658.00	0.68
873110046	电视信号发生器	彩色副载波:4.433619MHz±10Hz	30100	5	5	1000	200	80	878.00	1630.00	0.68
873110048	卫星电视信号发生器	范围:37～865MHz	14000	5	5	1000	200	80	476.00	906.00	0.68
873110050	任意波形发生器	范围:0～15MHz	17325	5	5	1000	200	80	558.00	1054.00	0.68
873110052	音频信号发生器	范围:50Hz～20kHz	2470	5	5	1000	200	80	124.00	222.00	0.68
873110054	工频信号发生器	范围:10MHz、25MHz、100MHz 或 240MHz 正弦波形 14 位,250MS/s,1GS/s 或 2GS/s 任意波形高达 20Vp-p 的幅度,50Ω 负荷	45000	5	5	1000	200	80	1250.00	2300.00	0.68
873110056	振荡器	范围:频率:40～500kHz,稳定度:±3×10⁻⁶,阻抗:40Ω～4kΩ,误差:±5%,电感:0.2～2mH,误差:±5%,回波损耗:0～14dB,误差:±0.5dB	13158	5	5	1000	200	80	454.00	868.00	0.68
873112	电源										
873112001	直流电源	输出:8V/3A,15V/2A	3380	5	5	875	175	70	250.25	304.50	3.36
873112005	直流稳压电源	输出:0～32V,0～10A,双路数显	5200	5	5	875	175	70	252.00	509.25	3.36
873112006	直流稳压电源	输出:0～30V,0～30A,单路,双表头数显	8600	5	5	875	175	70	285.25	661.50	3.36
873112007	直流稳压电源	输出:0～120V,0～10A,单路,双表头数显	10500	5	5	875	175	70	304.50	747.25	3.36
873112011	直流稳压稳流电源	输出:60～600V,0～5A	3800	5	5	875	175	70	250.25	341.25	3.36
873112012	直流稳压稳流电源	输出:6～60V,0～30A	2600	5	5	875	175	70	250.25	234.50	3.36

续表

编码	仪器仪表名称	性 能 规 格	原值	折旧年限	残值率	耐用总台班	年工作台班	年使用率	年维护费	年校验费	台班耗电量
			元	年	%	台班	台班	%	元	元	kW·h
873112016	三路直流电源	输出:6V/2.5A,20V/0.5A,-20V/0.5A	4615	5	5	875	175	70	250.25	414.75	3.36
873112020	双输出直流电源	输出:25V/1A	4615	5	5	875	175	70	250.25	414.75	3.36
873112024	直流高压发生器	输出:电压:300kV,电流:5mA	77800	5	5	875	175	70	1930.25	3750.25	3.36
873112028	交直流可调试验电源	电流:5A	8400	5	5	875	175	70	283.50	652.75	3.36
873112032	交流稳压电源	高精度净化式 1kVA、可调	3800	5	5	875	175	70	250.25	341.25	3.36
873112033	交流稳压电源	高精度净化式 2kVA	4900	5	5	875	175	70	250.25	441.00	3.36
873112034	交流稳压电源	高精度净化式 3kVA	5800	5	5	875	175	70	257.25	535.50	3.36
873112035	交流稳压电源	高精度净化式 5kVA、可调	8022	5	5	875	175	70	280.00	635.25	3.36
873112036	交流稳压电源	高精度净化式 10kVA	10300	5	5	875	175	70	302.75	738.50	3.36
873112040	交流高压发生器	容量:50kVA	41580	5	5	875	175	70	616.00	2145.50	3.36
873112044	三相交流稳压电源	容量:3kVA	2300	5	5	875	175	70	250.25	206.50	3.36
873112045	三相交流稳压电源	容量:6kVA	2900	5	5	875	175	70	250.25	260.75	3.36
873112046	三相交流稳压电源	容量:10kVA	3240	5	5	875	175	70	250.25	292.25	3.36
873112047	三相交流稳压电源	容量:15kVA	3870	5	5	875	175	70	250.25	348.25	3.36
873112048	三相交流稳压电源	容量:20kVA	5980	5	5	875	175	70	259.00	544.25	3.36
873112049	三相交流稳压电源	容量:30kVA	7320	5	5	875	175	70	273.00	603.75	3.36
873112053	三相交直流测试电源	输出:0~600V,0~25A	25000	5	5	875	175	70	449.75	1400.00	3.36

续表

编码	仪器仪表名称	性 能 规 格	原值	折旧年限	残值率	耐用总台班	年工作台班	年使用率	年维护费	年校验费	台班耗电量
			元	年	%	台班	台班	%	元	元	kW·h
873112057	三相精密测试电源	电压:100V、220V、380V	45600	5	5	875	175	70	656.25	2327.50	3.36
873112061	精密交直流稳压电源	量程:650V,20A,精度:±0.1%	50000	5	5	875	175	70	700.00	2525.25	3.36
873112065	晶体管直流稳压电源	电流:40A,负载调整率:0.5%	3980	5	5	875	175	70	250.25	358.75	3.36
873112069	净化交流稳压源	输出:220V,3kW	2230	5	5	875	175	70	250.25	201.25	3.36
873112073	不间断电源	输出:3kVA	14500	5	5	875	175	70	344.75	927.50	3.36
873112074	不间断电源	在线式	2300	5	5	875	175	70	250.25	206.50	3.36
873112078	便携式试验电源	电流:5A	3684	5	5	875	175	70	250.25	330.75	3.36
873114	数字仪表及装置										
873114001	数字电压表	量程:20mV~1000V,灵敏度:1μV	4200	5	5	1000	200	80	210.00	378.00	0.17
873114002	数字电压表	量程:10μV~1000V	4000	5	5	1000	200	80	200.00	360.00	0.17
873122	功率计										
873122001	小功率计	量程:1μW~300mW,频率:50MHz~12.4GHz	5600	5	5	1000	200	80	266.00	528.00	0.20
873122005	中功率计	量程:0.1~10W,频率:0~12.4GHz	4500	5	5	1000	200	80	226.00	406.00	0.20
873122006	中功率计	量程:0~100W,频率:0~1GHz	2800	5	5	1000	200	80	140.00	252.00	0.20
873122007	中功率计	量程:100mW~25W,频率:10kHz~50GHz	38970	5	5	1000	200	80	1100.00	2028.00	0.20
873122011	大功率计	量程:1~200kW,频率:80~600MHz	8200	5	5	1000	200	80	330.00	644.00	0.20
873122012	大功率计	量程:10kW,频率:100~4000MHz	15000	5	5	1000	200	80	500.00	950.00	0.20

续表

编码	仪器仪表名称	性 能 规 格	原值	折旧年限	残值率	耐用总台班	年工作台班	年使用率	年维护费	年校验费	台班耗电量
			元	年	%	台班	台班	%	元	元	kW·h
873122013	大功率计	量程:50W～10kW,频率:7～22.5GHz	22000	5	5	1000	200	80	676.00	1266.00	0.20
873122014	大功率计	量程:30kW,频率:1.14～1.73GHz	78800	5	5	1000	200	80	1952.00	3786.00	0.20
873122015	大功率计	量程:30μW～100W,频率:0.01～4.5GHz	4400	5	5	1000	200	80	220.00	396.00	0.20
873122016	大功率计	量程:5～2000W,频率:2.6～3.95GHz	11350	5	5	1000	200	80	408.00	786.00	0.20
873122020	功率计	量程:－60～20dBm,频率:90kHz～6GHz	91524	5	5	1000	200	80	2206.00	4244.00	0.20
873122024	定向功率计	量程:0.1～100W,频率:25～1000MHz	4800	5	5	1000	200	80	240.00	432.00	0.20
873122028	同轴大功率计	量程:15～500W,频率:1～3GHz	9500	5	5	1000	200	80	362.00	702.00	0.20
873122032	微波功率计	量程:－30～20dBm,频率:100kHz～140GHz	46000	5	5	1000	200	80	1276.00	2346.00	0.20
873122036	微波大功率计	量程:250W～250kW,波长:3～10cm	12850	5	5	1000	200	80	446.00	854.00	0.20
873122040	通过式功率计	量程:0.1～1000W,频率:450kHz～2.3GHz	4440	5	5	1000	200	80	222.00	400.00	0.20
873122041	通过式功率计	脉冲功率:－10～20dBm,频率:10MHz～18GHz	20000	5	5	1000	200	80	626.00	1176.00	0.20
873122042	通过式功率计	功率:1～1000W,频率:2～3600MHz	63700	5	5	1000	200	80	1650.00	3244.00	0.20
873122046	高频功率计	量程:0.1W～5kW,频率:2～1300MHz	3400	5	5	1000	200	80	170.00	306.00	0.20
873122050	超高频大功率计	量程:5～500W,频率:2.5～37GHz	4100	5	5	1000	200	80	206.00	370.00	0.20
873124	电阻器、电容器参数测量仪										
873124001	电容耦合测试仪	频率:80～1000Hz	32000	5	5	1000	200	80	926.00	1716.00	0.52
873127	蓄电池参数测试仪										

续表

编码	仪器仪表名称	性能规格	原值	折旧年限	残值率	耐用总台班	年工作台班	年使用率	年维护费	年校验费	台班耗电量
			元	年	%	台班	台班	%	元	元	kW·h
873127001	蓄电池组负载测试仪	电流:50A	30000	5	5	1000	200	80	876.00	1626.00	0.64
873127009	蓄电池内阻测试仪	范围:0~6000Ah	28000	5	5	1000	200	80	826.00	1536.00	0.64
873127017	蓄电池放电仪	电压:48~380V	35800	5	5	1000	200	80	1020.00	1886.00	0.64
873127025	蓄电池特性容量检测仪	电阻:0~100mΩ,电压:0~220V	34721	5	5	1000	200	80	994.00	1838.00	0.64
873134	**其他电子器件参数测试仪**										
873134001	交直流耐压测试仪	精度:±3%	4000	5	5	1000	200	80	200.00	360.00	0.80
873136	**时间及频率测量仪器**										
873136001	数字频率计	量程:10Hz~1000MHz	15100	5	5	1000	200	80	502.00	954.00	0.40
873136002	数字频率计	量程:20Hz~30MHz	5500	5	5	1000	200	80	262.00	522.00	0.40
873136003	数字频率计	量程:10Hz~18GHz	69000	5	5	1000	200	80	1756.00	3434.00	0.40
873136007	频率计数器	量程:0~1300MHz	5715	5	5	1000	200	80	268.00	532.00	0.40
873136008	频率计数器	量程:0.01Hz~2.5GHz	2000	5	5	1000	200	80	100.00	180.00	0.40
873136012	波导直读式频率计	量程:8.2~12.4GHz	3000	5	5	1000	200	80	150.00	270.00	0.40
873136013	波导直读式频率计	量程:12.4~18GHz	3200	5	5	1000	200	80	160.00	288.00	0.40
873136014	波导直读式频率计	量程:18~26.5GHz	3500	5	5	1000	200	80	176.00	316.00	0.40
873136018	计时/计频器/校准器	量程:0~4.2GHz	146081	5	5	1000	200	80	3090.00	6036.00	0.40
873136022	选频电平表	量程:20Hz~20kHz	3850	5	5	1000	200	80	192.00	346.00	0.40

续表

编码	仪器仪表名称	性 能 规 格	原值	折旧年限	残值率	耐用总台班	年工作台班	年使用率	年维护费	年校验费	台班耗电量
			元	年	%	台班	台班	%	元	元	kW·h
873136026	选频仪	量程:1700、2000、2300、2600kHz	77610	5	5	1000	200	80	1928.00	3744.00	0.40
873136030	扫频仪	量程:20Hz~20kHz	2000	5	5	1000	200	80	100.00	180.00	0.40
873136031	扫频仪	量程:300MHz	2900	5	5	1000	200	80	146.00	262.00	0.40
873136035	宽带扫频仪	量程:1~1000MHz(50Ω)、5~1000MHz(75Ω)	7500	5	5	1000	200	80	312.00	612.00	0.40
873136036	宽带扫频仪	量程:1000MHz	9000	5	5	1000	200	80	350.00	680.00	0.40
873136040	扫频图示仪	量程:0.5~1500MHz	3500	5	5	1000	200	80	176.00	316.00	0.40
873136044	低频率特性测试仪	量程:20Hz~2MHz	4200	5	5	1000	200	80	210.00	378.00	0.40
873136048	数字式高频扫频仪	量程:0.1~30MHz	8600	5	5	1000	200	80	340.00	662.00	0.40
873136052	频率特性测试仪	量程:1~650MHz	3150	5	5	1000	200	80	158.00	284.00	0.40
873136056	时间间隔测量仪	量程:50ns~820ms,精度:±5%	79800	5	5	1000	200	80	1972.00	3822.00	0.40
873138	网络特性测量仪										
873138001	网络测试仪	超五类线缆测试仪	95000	5	5	1000	200	80	2276.00	4370.00	0.40
873138002	网络测试仪	1000M 以太网测试仪	100000	5	5	1000	200	80	2376.00	4550.00	0.40
873138003	网络测试仪	测试100M 以太网的性能,精度:±1.0%	130000	5	5	1000	200	80	2840.00	5588.00	0.40
873138007	网络分析仪	量程:10Hz~500MHz	36000	5	5	1000	200	80	1026.00	1896.00	0.40
873138008	网络分析仪	量程:300kHz~3GHz	288000	5	5	1000	200	80	4316.00	8592.00	0.40
873138009	网络分析仪	量程:30kHz~6GHz,分辨率:1Hz	184000	5	5	1000	200	80	3542.00	7004.00	0.40

续表

编码	仪器仪表名称	性能规格	原值	折旧年限	残值率	耐用总台班	年工作台班	年使用率	年维护费	年校验费	台班耗电量
			元	年	%	台班	台班	%	元	元	kW·h
873138010	网络分析仪	量程:100MHz~18GHz	200000	5	5	1000	200	80	3726.00	7336.00	0.40
873138011	网络分析仪	1.5、2、8、34、45、52、139、155MHz	498157	5	5	1000	200	80	4870.00	9642.00	0.40
873138015	PDH/SDH 分析仪	2、8、34、139、l55、622、2488Mb/t，光接口：1310nm,1550nm	713022	5	5	1000	200	80	5408.00	10608.00	0.40
873138019	40G SDH 分析仪	量程:1.5MHz~43GHz, OTN：OTU1/OTU2/OTU3，PDH:E1/E2/E3/E4,DSn:DS1/DS3	1837650	5	5	1000	200	80	8220.00	15670.00	0.40
873138023	SDH,PDH 以太网测试仪	2.7、10.7、11.05、11.09Gb/s	450000	5	5	1000	200	80	4750.00	9426.00	0.40
873138027	微波综合测试仪	量程:9kHz~18GHz	350000	5	5	1000	200	80	4500.00	8976.00	0.40
873138031	微波网络分析仪	量程:0.11~12.4GHz,相位:0~360°	35600	5	5	1000	200	80	1016.00	1878.00	0.40
873138035	无线电综合测试仪	量程:400kHz~1000MHz	136000	5	5	1000	200	80	2934.00	5754.00	0.40
873138036	无线电综合测试仪	量程:100kHz~1.15GHz	493320	5	5	1000	200	80	4858.00	9620.00	0.40
873138040	基站系统测试仪	量程:10~1000MHz	16100	5	5	1000	200	80	528.00	1000.00	0.40
873138044	电台综合测试仪	量程:0.25~1000MHz	211140	5	5	1000	200	80	3814.00	7610.00	0.40
873138048	集群系统综合测试仪	量程:1GHz/2.7GHz	580000	5	5	1000	200	80	5076.00	10010.00	0.40
873138052	协议分析仪	量程:1000MHz	230000	5	5	1000	200	80	3966.00	7882.00	0.40
873140	衰减器及滤波器										
873140001	精密衰减器	衰减:91dB,ρ:75Ω,频率:0~25MHz	3800	5	5	1000	200	80	190.00	342.00	0.16
873140002	精密衰减器	衰减:111.1dB,ρ:75Ω,频率:0~10MHz	3700	5	5	1000	200	80	186.00	334.00	0.16

续表

编码	仪器仪表名称	性 能 规 格	原值	折旧年限	残值率	耐用总台班	年工作台班	年使用率	年维护费	年校验费	台班耗电量
			元	年	%	台班	台班	%	元	元	kW·h
873140010	标准衰减器	衰减:0~110dB,频率:0~2GHz	4100	5	5	1000	200	80	206.00	370.00	0.16
873140018	衰耗器(不平衡)	衰减:0~131.1dB,频率:0~10MHz	4300	5	5	1000	200	80	216.00	388.00	0.16
873140019	衰耗器(不平衡)	衰减:0~91.9dB,频率:0~30MHz	4400	5	5	1000	200	80	220.00	396.00	0.16
873140027	步进衰减器	衰减:0~50dB,频率:12.4GHz	4800	5	5	1000	200	80	240.00	432.00	0.16
873140028	步进衰减器	振幅:1.52mm,频率:10~55Hz	28500	5	5	1000	200	80	838.00	1558.00	0.16
873140036	同轴步进衰减器	衰减:80dB,频率:8GHz	4950	5	5	1000	200	80	248.00	446.00	0.16
873140044	可变式衰减器	衰减:0~100dB,频率:0~2GHz	4400	5	5	1000	200	80	220.00	396.00	0.16
873140045	可变式衰减器	衰减:>20dB,频率:0.5~4GHz	7900	5	5	1000	200	80	322.00	630.00	0.16
873140046	可变式衰减器	衰减:>20dB,频率:4~8GHz	8200	5	5	1000	200	80	330.00	644.00	0.16
873140054	光可变衰耗器	衰减:0~20dB,精度:±0.1%,波长:1310/1550mm	20500	5	5	1000	200	80	638.00	1198.00	0.16
873144	场强干扰测量仪器及测量接收机										
873144001	场强仪	量程:-120dB,VHF/UHF频段	6800	5	5	1000	200	80	296.00	582.00	0.32
873144002	场强仪	量程:9~110dB,频率:8.6~9.6GHz	6650	5	5	1000	200	80	292.00	574.00	0.32
873144003	场强仪	量程:20~130dBμV,频率:300MHz~10GHz	88800	5	5	1000	200	80	2152.00	4146.00	0.32
873144004	场强仪	量程:-10~130dBμV,频率:5MHz~1GHz	197330	5	5	1000	200	80	3694.00	7280.00	0.32
873144008	场强计	量程:46~860MHz,950~1700MHz	44000	5	5	1000	200	80	1226.00	2256.00	0.32

续表

编码	仪器仪表名称	性 能 规 格	原值	折旧年限	残值率	耐用总台班	年工作台班	年使用率	年维护费	年校验费	台班耗电量
			元	年	%	台班	台班	%	元	元	kW·h
873144009	场强计	量程:46~1750MHz	11500	5	5	1000	200	80	412.00	792.00	0.32
873144013	场强测试仪	量程:20~130dB,频率:46~850MHz	10500	5	5	1000	200	80	388.00	748.00	0.32
873144014	场强测试仪	量程:10~110dB,频率:0.5~30MHz	4700	5	5	1000	200	80	236.00	424.00	0.32
873144018	便携式场强测试仪	频率:10kHz~3GHz,精度:≤±0.00015%	168000	5	5	1000	200	80	3358.00	6672.00	0.32
873144022	噪声系数测试仪	量程:0~20dB,精度:<±0.1%;量程:0~30dB,精度:<±0.1%;量程:0~35dB,精度:<±0.15%	35000	5	5	1000	200	80	1000.00	1850.00	0.32
873144026	自动噪声系数测试仪	量程:6~28dB,精度:±1%	8000	5	5	1000	200	80	326.00	636.00	0.32
873146	波形参数测量仪器										
873146001	频谱分析仪	频率:0.15~1050MHz	11600	5	5	1000	200	80	416.00	798.00	0.32
873146002	频谱分析仪	频率:9kHz~26.5GHz	260000	5	5	1000	200	80	4176.00	8340.00	0.32
873146003	频谱分析仪	频率:3Hz~51GHz,精度:±0.001%	550000	5	5	1000	200	80	5000.00	9876.00	0.32
873146007	失真度测量仪	频率:400Hz~1kHz,精度:±0.01%	6500	5	5	1000	200	80	288.00	568.00	0.32
873146008	失真度测量仪	频率:10Hz~109kHz	4800	5	5	1000	200	80	240.00	432.00	0.32
873146009	失真度测量仪	频率:2Hz~200kHz,精度:±0.1%	4500	5	5	1000	200	80	226.00	406.00	0.32
873146010	失真度测量仪	频率:2Hz~1MHz	5600	5	5	1000	200	80	266.00	528.00	0.32
873148	电子示波器										

续表

编码	仪器仪表名称	性 能 规 格	原值	折旧年限	残值率	耐用总台班	年工作台班	年使用率	年维护费	年校验费	台班耗电量
			元	年	%	台班	台班	%	元	元	kW·h
873148001	示波器	频率:50MHz	6100	5	5	1000	200	80	278.00	550.00	0.40
873148002	示波器	频率:100MHz	4200	5	5	1000	200	80	210.00	378.00	0.40
873148003	示波器	频率:70~200MHz	6800	5	5	1000	200	80	296.00	582.00	0.40
873148004	示波器	频率:300MHz	62480	5	5	1000	200	80	1624.00	3200.00	0.40
873148008	数字示波器	频率:500MHz	63021	5	5	1000	200	80	1636.00	3218.00	0.40
873148009	数字示波器	频率:1000MHz	314846	5	5	1000	200	80	4412.00	8816.00	0.40
873148010	数字示波器	频率:3GHz	493640	5	5	1000	200	80	4860.00	9622.00	0.40
873148014	宽带示波器(20G)	频率:20GHz,采样率:80GSa/s	226585	5	5	1000	200	80	3938.00	7832.00	0.40
873148018	双通道数字存储示波器	频率:40MHz	4800	5	5	1000	200	80	240.00	432.00	0.40
873148019	双通道数字存储示波器	频率:60MHz	6000	5	5	1000	200	80	276.00	546.00	0.40
873148020	双通道数字存储示波器	频率:100MHz	6800	5	5	1000	200	80	296.00	582.00	0.40
873148024	16通道数字存储示波记录仪	模拟带宽:1GHz,采样率:5~10GS/s,记录长度:25M点~125M点,4个模拟通道和16个数字通道	25200	5	5	1000	200	80	756.00	1410.00	0.40
873150	通讯、导航测试仪器										
873150001	PCM测试仪	2048kb/s	36500	5	5	1000	200	80	1038.00	1918.00	0.40
873150005	PCM话路特性测试仪	200~4000Hz,-60~6dBm	89780	5	5	1000	200	80	2170.00	4182.00	0.40
873150009	PCM呼叫分析仪	300~3400Hz,频偏±5%	14800	5	5	1000	200	80	496.00	942.00	0.40

续表

编码	仪器仪表名称	性 能 规 格	原值	折旧年限	残值率	耐用总台班	年工作台班	年使用率	年维护费	年校验费	台班耗电量
			元	年	%	台班	台班	%	元	元	kW·h
873150013	PCM 数字通道分析仪	2Mb/s	177600	5	5	1000	200	80	3468.00	6872.00	0.40
873150017	模拟信令测试仪	多频互控＋线路信令	397910	5	5	1000	200	80	4620.00	9190.00	0.40
873150021	数据接口特性测试仪	64kb/s	148000	5	5	1000	200	80	3120.00	6090.00	0.40
873150025	通用规程测试仪	V5 规程式 ISDN	24500	5	5	1000	200	80	738.00	1378.00	0.40
873150026	通用规程测试仪	V5 规程 ISDN 规程 7 号信令	290000	5	5	1000	200	80	4326.00	8610.00	0.40
873150030	信令综合测试仪	10～1000MHz	161000	5	5	1000	200	80	3276.00	6528.00	0.40
873150031	信令综合测试仪	传输线路质量测试专用	43600	5	5	1000	200	80	1216.00	2238.00	0.40
873150035	分析仪	1 号信令	7500	5	5	1000	200	80	312.00	612.00	0.40
873150036	分析仪	7 号信令	13500	5	5	1000	200	80	462.00	882.00	0.40
873150040	数据分析仪	50b/s～115.2kb/s	25000	5	5	1000	200	80	750.00	1400.00	0.40
873150044	传输测试仪	300Hz～150kHz	10500	5	5	1000	200	80	388.00	748.00	0.40
873150048	数字传输分析仪	测 1～4 次群通信系统误码相位抖动	6600	5	5	1000	200	80	290.00	572.00	0.40
873150052	数字性能分析仪	64kb/s、2Mb/s	78930	5	5	1000	200	80	1954.00	3792.00	0.40
873150056	数字通信分析仪	50b/s～115.2kb/s	21750	5	5	1000	200	80	668.00	1254.00	0.40
873150060	通信性能分析仪	2Mb/s～2.5Gb/s	3500	5	5	1000	200	80	176.00	316.00	0.40
873150064	PDH 分析仪	2、8、34、139Mb/s 数字传输系统	163000	5	5	1000	200	80	3300.00	6570.00	0.40
873150068	传输误码仪	16、32、64、128、256、512、1024、2048kb/s	8750	5	5	1000	200	80	344.00	668.00	0.40

续表

编码	仪器仪表名称	性 能 规 格	原值	折旧年限	残值率	耐用总台班	年工作台班	年使用率	年维护费	年校验费	台班耗电量
			元	年	%	台班	台班	%	元	元	kW·h
873150072	误码率测试仪	622Mb/s	557950	5	5	1000	200	80	5020.00	9910.00	0.40
873150073	误码率测试仪	2.5Gb/s	1161280	5	5	1000	200	80	6528.00	12626.00	0.40
873150074	误码率测试仪	10Gb/s	1381300	5	5	1000	200	80	7078.00	13616.00	0.40
873150078	电平传输测试仪	200Hz~6MHz	22320	5	5	1000	200	80	684.00	1280.00	0.40
873150082	电话分析仪	量程:6.5~25.0PPS、20~80M/B,位准差测试:0~-25.5dBm	3500	5	5	1000	200	80	176.00	316.00	0.40
873150086	市话线路故障测量仪	开路、短路、故障点定位	9000	5	5	1000	200	80	350.00	680.00	0.40
873150090	便携式中继器检测仪	量程:10~150dBμV	11840	5	5	1000	200	80	422.00	808.00	0.40
873150094	3cm雷达综合测试仪	频率:8.6~9.6GHz,输出:2mW~2W	118000	5	5	1000	200	80	2654.00	5252.00	0.40
873150098	手持GPS定位仪	定位时间:5s,定位精度:3m,存储容量:2G	2850	5	5	1000	200	80	142.00	256.00	0.40
873150102	对讲机(一对)	最大通话距离:5km	2750	5	5	1000	200	80	138.00	248.00	0.40
873152	有线电测量仪器										
873152001	选频电平表	频率:200Hz~1.86MHz	6400	5	5	1000	200	80	286.00	564.00	0.32
873152002	选频电平表	频率:10kHz~36MHz	5300	5	5	1000	200	80	258.00	514.00	0.32
873152006	高频毫伏表定度仪	频率:100kHz	2350	5	5	1000	200	80	118.00	212.00	0.32
873152010	低频电缆测试仪	频率:800Hz,精度:±2%,电平:0~110dB	14800	5	5	1000	200	80	496.00	942.00	0.32
873152014	电缆测试仪	量程:10m~20km	12500	5	5	1000	200	80	438.00	838.00	0.32
873152018	电缆故障测试仪	双头测量:19999m	19000	5	5	1000	200	80	600.00	1130.00	0.32

续表

编码	仪器仪表名称	性能规格	原值	折旧年限	残值率	耐用总台班	年工作台班	年使用率	年维护费	年校验费	台班耗电量
			元	年	%	台班	台班	%	元	元	kW·h
873152019	电缆故障测试仪	测距:≤15km/电力,≤50km/通信	12000	5	5	1000	200	80	426.00	816.00	0.32
873152023	电缆故障探测装置	测距:75km,测量盲区<20m	70815	5	5	1000	200	80	1792.00	3500.00	0.32
873152027	电缆对地路径探测仪	测量深度:5m(用于探测电缆的敷设路径、埋设深度,故障电缆的鉴别)	4200	5	5	1000	200	80	210.00	378.00	0.32
873152031	钳型多功能查线仪	250V,5A	6800	5	5	1000	200	80	296.00	582.00	0.32
873152035	电缆识别仪	1~2s间隙调制,灵敏度:6级	30000	5	5	1000	200	80	876.00	1626.00	0.32
873152039	电缆长度仪	量程:0~1000m	8000	5	5	1000	200	80	326.00	636.00	0.32
873152043	地下管线探测仪	测量深度:4.5m,灵敏度:≤100μA,1m处测试埋深误差:±5cm	64000	5	5	1000	200	80	1656.00	3254.00	0.32
873152047	驻波比测试仪	频率:5~6000MHz	77800	5	5	1000	200	80	1932.00	3750.00	0.32
873152051	线路测试仪	测试线缆:RJ11、RJ45	7530	5	5	1000	200	80	314.00	614.00	0.32
873152055	中继线模拟呼叫器	中继呼叫	90000	5	5	1000	200	80	2176.00	4190.00	0.32
873152059	用户模拟呼叫器	用户端模拟呼叫	110000	5	5	1000	200	80	2530.00	5030.00	0.32
873154	电视用测量仪器										
873154001	视频分析仪	测量包括:CCIR REP.624-1,Rec.567和Rec.569等规定的项目	105000	5	5	1000	200	80	2452.00	4890.00	0.40
873158	声级计										
873158001	声级计	声压:35~130dB,频率:20Hz~8kHz	2000	5	5	1000	200	80	100.00	180.00	0.24
873158005	精密声级计	声压:38~140dB,频率:0Hz~18kHz	3850	5	5	1000	200	80	192.00	346.00	0.24

续表

编码	仪器仪表名称	性 能 规 格	原值	折旧年限	残值率	耐用总台班	年工作台班	年使用率	年维护费	年校验费	台班耗电量
			元	年	%	台班	台班	%	元	元	kW·h
873158009	STIPA 测试仪	量程:30～130dBSPLA,频率:10Hz～20kHz,延时分辨率:小于0.1ms	20000	5	5	1000	200	80	626.00	1176.00	0.24
873164	声振测量仪										
873164001	抖晃仪	3kHz±10%,3.15kHz±10%	7800	5	5	1000	200	80	320.00	626.00	0.40
873164002	抖晃仪	CCIR,测定范围:0.03%～3%	9700	5	5	1000	200	80	368.00	712.00	0.40
873164003	抖晃仪	20Hz～50kHz,测定范围:0.0015%～3%	11500	5	5	1000	200	80	412.00	792.00	0.40
873164004	抖晃仪	测量范围:0.03%,0.1%,0.3%,1%,3%	20500	5	5	1000	200	80	638.00	1198.00	0.40
873164008	抖动调制振动器	输入频率:10Hz～39MHz	3600	5	5	1000	200	80	180.00	324.00	0.40
873172	数据仪器										
873172001	逻辑分析仪	16 通道	38500	5	5	1000	200	80	1088.00	2008.00	0.40
873172002	逻辑分析仪	32 通道、定时:200Msa/s	58000	5	5	1000	200	80	1536.00	3038.00	0.40
873172003	逻辑分析仪	34 通道	114410	5	5	1000	200	80	2598.00	5152.00	0.40
873172004	逻辑分析仪	68 通道、定时:400Msa/s	68000	5	5	1000	200	80	1736.00	3398.00	0.40
873172005	逻辑分析仪	80 通道,100MHz	116430	5	5	1000	200	80	2630.00	5208.00	0.40
873172006	逻辑分析仪	采样率:150MHz、500MHz	93000	5	5	1000	200	80	2236.00	4298.00	0.40
873174	计算机用测量仪器										
873174001	编程器	3A	2000	5	5	1000	200	80	100.00	180.00	0.48
873174005	存储器测试仪	动态:RAM256K,静态:64K	3800	5	5	1000	200	80	190.00	342.00	0.48

续表

编码	仪器仪表名称	性 能 规 格	原值	折旧年限	残值率	耐用总台班	年工作台班	年使用率	年维护费	年校验费	台班耗电量
			元	年	%	台班	台班	%	元	元	kW·h
873174009	微机继电保护测试仪	模拟测试,1.6/1.0MB 数据交换	188000	5	5	1000	200	80	3588.00	7086.00	0.48
873174013	铭牌打印机	打印量程:54mm(长)×496mm(宽)	26000	5	5	1000	200	80	776.00	1446.00	0.48
873174017	线号打印机	标签等材料上打印字符	2550	5	5	1000	200	80	128.00	230.00	0.48

七、专用仪器仪表(87 - 46)

编码	仪器仪表名称	性 能 规 格	原值	折旧年限	残值率	耐用总台班	年工作台班	年使用率	年维护费	年校验费	台班耗电量
			元	年	%	台班	台班	%	元	元	kW·h
874614	安全仪器										
874614001	SF$_6$精密露点测量仪	量程: - 80 ~ 20℃,精度:±0.5℃,分辨率:0.01℃或0.1ppm	11890	5	5	750	150	60	423.00	810.00	0.24
874614009	SF$_6$气体成分测试仪	控温精度:<±0.1%,检测器灵敏度:S 值≥7000mV·ml/mg,Air、CF$_4$:优于0.0003%,SO$_2$:<±0.1%,量程:0.0 ~ 100.0μL/L,H$_2$S:<±0.1%,量程:0.0 ~ 100.0μL/L,CO:<±0.1%,量程:0.0 ~ 1000.0μL/L	15300	5	5	750	150	60	507.00	963.00	0.24
874614017	SF$_6$微水分析仪	微水量程: - 60 ~ 20℃,精度:±2%,响应时间: - 60 ~ 20℃,5s(63%),45s(90%),20 ~ -60℃,10s(63%)、240s(90%)	12980	5	5	750	150	60	450.00	859.50	0.24
874614025	SF$_6$微量水分测量仪	量程:Td: - 80 ~ 20℃/ - 60 ~ 60℃,测量气体:H$_2$、SF$_6$、O$_2$、N$_2$、压缩空气等多种气体,露点精度:Td≤±1%	36000	5	5	750	150	60	1024.50	1894.50	0.24
874614033	SF$_6$定量检漏仪	量程:0 ~ 500μL/L	6200	5	5	750	150	60	280.50	553.50	0.24
874614041	SF$_6$定性检漏仪	捡漏精度:≥±0.35%	8100	5	5	750	150	60	327.00	639.00	0.24
874614049	CO 气体检测报警仪	量程:0 ~ 1000ppm,2000ppm,误差≤5%	3600	5	5	750	150	60	180.00	324.00	0.24
874614050	CO$_2$气体检测报警仪	量程:0 ~ 50000ppm,50000ppm,误差≤5%	7105	5	5	750	150	60	302.63	544.73	0.24

续表

编码	仪器仪表名称	性 能 规 格	原值	折旧年限	残值率	耐用总台班	年工作台班	年使用率	年维护费	年校验费	台班耗电量
			元	年	%	台班	台班	%	元	元	kW·h
874614057	H_2S 检测报警器	量程:0~30ppm(0.1ppm),报警设定值:10~30ppm	8500	5	5	750	150	60	337.50	657.00	0.24
874614065	H_2S 气体检测报警仪	量程:0~200ppm,1000ppm,误差≤8%	3800	5	5	750	150	60	190.50	342.00	0.24
874614073	H_2 气体检测报警仪	量程:0~1000ppm,2000ppm,误差≤5%	5000	5	5	750	150	60	250.50	450.00	0.24
874614081	Cl_2 气体检测报警仪	量程:0~20ppm,250ppm,误差≤5%	5600	5	5	750	150	60	265.50	526.50	0.24
874614089	四合一气体检测报警仪	CH_4:0~4%,CO:0~1000ppm,O_2:0~25%,H_2S:0~100ppm	8800	5	5	750	150	60	345.00	670.50	0.24
874614097	O_2 检测报警器	量程:0~25VOL%,精度:<±0.3%,报警设定值:18VOL%以下	7800	5	5	750	150	60	319.50	625.50	0.24
874614105	气体分析仪	O_2:0~21VOL%,CO:0~4000ppm,CO_2:0~8000ppm,H_2补偿:8000~30000ppm	22000	5	5	750	150	60	675.00	1264.50	0.24
874614113	便携式气体分析仪	NO_x:0~25/50/100/250/500/1000/2500/4000ppm,O_2:0~5/10/25VOL%	131460	5	5	750	150	60	2862.00	5628.00	0.24
874614114	便携式多组气体分析仪	CO:0~100ppm,0~100VOL%,CO_2:0~1000ppm,0~100VOL%	82110	5	5	750	150	60	2017.50	3906.00	0.24
874614122	便携式可燃气体检漏仪	量程:0~100%LEL,分辨率:0.01%LEL,精度:±2%FS,响应时间:≤5s,恢复时间:≤15s,重复性:±0.5%,线性误差:±1.0%,不确定度:2%Rd±0.1	7100	5	5	750	150	60	303.00	594.00	0.24
874614130	氨气检漏仪	分辨率:0~0.4ppm	48000	5	5	750	150	60	1324.50	2434.50	0.24

续表

编码	仪器仪表名称	性能规格	原值	折旧年限	残值率	耐用总台班	年工作台班	年使用率	年维护费	年校验费	台班耗电量
			元	年	%	台班	台班	%	元	元	kW·h
874614138	有害气体检漏仪	量程:0～1000ppm	38800	5	5	750	150	60	1095.00	2020.50	0.24
874614146	气体、粉尘、烟尘采样仪校验装置	动压:0～3000Pa,精度:±1.0%,静压:-30～30kPa,精度:±2.0%,温度:-20～55℃,精度:±0.1%、±0.5%,大气压:70～110kPa,精度:±0.2%、±0.01%,压力发生泵调压量程:-35～35kPa	11780	5	5	750	150	60	420.00	805.50	0.24
874614154	烟气采样器	烟尘采样流量:4～40L/min,烟气采样流量:0.15～1.5L/min,隔膜式真空泵抽气能力:20kPa阻力时,流量大于30L/min,数字微压计测压量程:0～2000Pa	11980	5	5	750	150	60	424.50	814.50	0.24
874614162	火灾探测器试验器	报警响应时间:<30s	2000	5	5	750	150	60	100.50	180.00	0.24
874614170	电火花检测仪	适用检测厚度:0.5～10mm	5800	5	5	750	150	60	270.00	535.50	0.24
874614178	烟气分析仪	烟气参数测量:O_2、CO、CO_2(红外)、NO_x、SO_2、HC、H_2S,烟气年排放量:SO_2、NO_x、CO	50000	5	5	750	150	60	1375.50	2524.50	0.24
874614186	黑度计自动测试仪	量程:0～4D(2mm 光孔),精度:±0.02%(0～3.5D),±0.04%(3.5～4D)	4250	5	5	750	150	60	213.00	382.50	0.24
874614194	界面张力测试仪	量程:5～95mN/m,快速:1mm/s,慢速:0.3～0.4mm/s,灵敏阀:0.1mN/m,准确度:±0.5mN/m	16000	5	5	750	150	60	525.00	994.50	0.24
874614202	烟尘浓度采样仪	误差:±2% FS,信号输出:4～20mA,最大输出负载:500Ω,灵敏度:$2mg/m^3$,量程:最小 0～$200mg/m^3$,最大 0～$10g/m^3$,烟囱大小:0.5～15m	15300	5	5	750	150	60	507.00	963.00	0.24

续表

编码	仪器仪表名称	性 能 规 格	原值	折旧年限	残值率	耐用总台班	年工作台班	年使用率	年维护费	年校验费	台班耗电量
			元	年	%	台班	台班	%	元	元	kW·h
874614210	加热烟气采样枪	流量范围:0.1~2L/min,精度:±2.5%,时控范围:0~99s	29800	5	5	750	150	60	870.00	1615.50	0.24
874614218	离子浓度测试仪	量程:0.00~14.00pX,精度:±0.5%读数值(一价),±1.0%读数值(二价),温度补偿:0~60℃	38094	5	5	750	150	60	1077.00	1989.00	0.24
874614226	钠离子分析仪	浓度:0~999μg/L,0~200mg/La,pNa值:2.0~7.0,误差:±0.03pNa	8780	5	5	750	150	60	345.00	670.50	0.24
874614234	数字测氧记录仪	量程:0~100%,0~50%,0~1%,精度:±0.15%,±0.3%,±3%,分辨率:0.01%	2850	5	5	750	150	60	142.50	256.50	0.24
874614242	碳氢氮元素检测仪	C:0.02%~100%,H:0.02%~50%,N:0.01%~50%	59800	5	5	750	150	60	1570.50	3103.50	0.24
874614250	同步热分析仪	量程:室温~1150℃,分辨率:0.1℃,波动:±0.1℃,升温速率:1~80℃/min,降温速率:1~20℃/min	202692	5	5	750	150	60	3747.00	7489.50	0.24
874614258	微量滴定仪	滴定精度:1.67μL/step,滴定速度:3.6mL/min,精度:99.8%,重复性误差:0.2%	69500	5	5	750	150	60	1765.50	3451.50	0.24
874614266	氧量分析仪	量程:0.0~20.6%,零点漂移≤±2% F.S/7d,量程漂移≤±2% F.S/7d,重复性:≤±1%,氧气流量:300±10mL/min,响应时间:T90≤15s,氧气压力:0.05MPa≤入口压力≤0.25MPa	53230	5	5	750	150	60	1440.00	2866.50	0.24
874616	电站热工仪表										
874616001	数字测振仪	加速度:0.1~199.9m/s²,peak(RMS×1.414)	5900	5	5	750	150	60	273.00	540.00	0.24

续表

编码	仪器仪表名称	性 能 规 格	原值	折旧年限	残值率	耐用总台班	年工作台班	年使用率	年维护费	年校验费	台班耗电量
			元	年	%	台班	台班	%	元	元	kW·h
874616009	便携式数字测振仪	加速度:0.1~199.9m/s²,0.1~199.9m/s²(RMS),位移:0.001~1.999mm,精度:±5%	7800	5	5	750	150	60	319.50	625.50	0.24
874616017	测振仪	频率:10Hz~1kHz(LO),1kHz~15kHz(HI),速度:10Hz~1kHz,位移:10Hz~1kHz	7500	5	5	750	150	60	312.00	612.00	0.24
874616018	测振仪	频率:1~300kHz,速度:0~100mm/s	300000	5	5	750	150	60	4375.50	8700.00	0.24
874616019	测振仪	频率:1~3MHz,速度:0.1μm/s~10m/s	520000	5	5	750	150	60	4924.50	9739.50	0.24
874616027	手持高精度数字测振仪&转速仪	量程:10~1000Hz	29980	5	5	750	150	60	874.50	1624.50	0.24
874616035	热工仪表校验仪	量程:0~±30V,分辨率:0.0001V,精度:0.01%RD+0.01%F.S,直流测量:0~±30mA,分辨率:0.0001mA,精度:0.01%RD+0.01%F.S,电流输出:0~30mA,分辨率:0.0005mA,精度:0.01%RD+0.01%F.S	4900	5	5	750	150	60	244.50	441.00	0.24
874618	气象仪器										
874618001	热球式风速计	量程:0.2~20.0m/s	2380	5	5	750	150	60	118.50	214.50	0.24
874618005	风速计	风速:0~45m/s,风温:0~60℃	2260	5	5	750	150	60	112.50	204.00	0.24
874618009	叶轮式风速表	量程:0~50m/s	4800	5	5	750	150	60	240.00	432.00	0.24
874618013	智能压力风速计	量程:-6~6kPa,压差:0~1000Pa	5880	5	5	750	150	60	271.50	540.00	0.24

续表

编码	仪器仪表名称	性 能 规 格	原值	折旧年限	残值率	耐用总台班	年工作台班	年使用率	年维护费	年校验费	台班耗电量
			元	年	%	台班	台班	%	元	元	kW·h
874618017	风压风速风量仪	风压:0 ~ ± 2000Pa/3000Pa/6000Pa,风速:<55m/s,风量:<99999m³/s,过载能力:≤200% FS,精度:±0.5%,分辨率:1Pa/0.1Pa	3000	5	5	750	150	60	150.00	270.00	0.24
874646	建筑工程仪器										
874646001	全站仪	量程:1200m	75000	5	5	750	150	60	1875.00	3649.50	0.24
874646002	全站仪	测角精度:2″(0.6mgon)、5″(1.5mgon)	137340	5	5	750	150	60	2953.50	5791.50	0.24
874646003	全站仪	量程:200m,单棱镜测距:4500m,精度:±(2 + 2ppm)	158900	5	5	750	150	60	3252.00	6484.50	0.24
874646004	全站仪	单棱镜:5km,无棱镜:350m,精度:无棱镜5 + 3ppm,测量时间:测量1s,跟踪0.5s	9800	5	5	750	150	60	370.50	715.50	0.24
874646005	全站仪	测程:2km/单棱镜,精度:±(2mm + 2ppm × D),高速测距:精测1.2s,粗测0.7s,跟踪0.4s	25000	5	5	750	150	60	750.00	1399.50	0.24
874646006	全站仪	测距精度:1mm + 1.5 × 10⁻⁶D,无棱镜测距精度:2mm + 2 × 10⁻⁶D,测程:>1000m	260000	5	5	750	150	60	4174.50	8340.00	0.24
874646007	全站仪	最短视距:1.7m,测程:单棱镜3000m、无棱镜280m,灰卡白色面(90%反射率),精度:有棱镜±(2 +2ppm),无棱镜±(2 +2ppm),角度测量:1″、5″、10″	30000	5	5	750	150	60	874.50	1624.50	0.24

续表

编码	仪器仪表名称	性 能 规 格	原值	折旧年限	残值率	耐用总台班	年工作台班	年使用率	年维护费	年校验费	台班耗电量
			元	年	%	台班	台班	%	元	元	kW·h
874646008	全站仪	最短视距:1.0m,量程:单棱镜2200m、三棱镜3000m、无棱镜180m、270m,棱镜/反射贴片精度:±(2mm+2ppm×D),免棱镜精度:±(5mm+2ppm×D),测距时间:正常2.0s、快速1.2s	33000	5	5	750	150	60	949.50	1759.50	0.24
874646009	全站仪	测程:5000m,精度:±(2+2ppm),测角精度:2″,放大倍率:30x	79800	5	5	750	150	60	1971.00	3823.50	0.24
874646010	全站仪	测角精度:2″,测程:3500m,无棱镜500m	77000	5	5	750	150	0.60	1915.00	3447.00	0.24
874646011	全站仪	测角精度:1″,测程:>1000m,无棱镜500m	260000	5	5	750	150	0.60	4175.00	7515.00	0.24
874646013	对中仪	测距:10m,精度:±1%	74000	5	5	750	150	60	1855.50	3613.50	0.24
874646014	电子对中仪	测距:20m,精度:±0.001%	120600	5	5	750	150	60	2694.00	5325.00	0.24
874646018	全自动激光垂准仪	上/下对点精度:±2″,工作量程:上/下150m	14000	5	5	750	150	60	475.50	904.50	0.24
874646022	红外线水平仪	范围:±1mm/5m	2550	5	5	750	150	60	127.50	229.50	0.24
874646026	定位仪	定位范围:±50m	118000	5	5	750	150	60	2653.50	5251.50	0.24
874646030	数字点式环线专用调相测试仪	频率:0.4~1000MHz,阻抗:50Ω,电平:-127~0dBm,调幅:0~99%,调频:0~25kHz,调相:0~10rad	21700	5	5	750	150	60	667.50	1251.00	0.24
874646034	移频参数在线测试仪	频率:5~5000Hz,灵敏度:<2mV/5mA,电压真有效值:5~5000Hz,0~400V,分辨率:1mV、0.01V、0.1V,精度:±1.0%	23430	5	5	750	150	60	711.00	1329.00	0.24
874646038	混凝土实验搅拌仪	搅拌容量:30L	9700	5	5	750	150	60	367.50	711.00	5.00

附录 B 施工仪器仪表台班参考单价

说　明

一、本参考单价系按照《建设工程施工仪器仪表台班费用编制规则》和附录 A"施工仪器仪表基础数据"进行编制。

二、本参考单价设置自动化仪表及系统、电工仪器仪表、光学仪器、分析仪表、试验机、电子和通信测量仪器仪表、专用仪器仪表共计 7 类 594 个项目。

三、本参考单价选用当前技术先进的国产和进口施工仪器仪表设置项目。

四、本参考单价仅收列价值在 2000 元(含)以上、使用期限超过一年的施工仪器仪表。

五、本参考单价内容包括台班单价、折旧费、维护费、校验费、动力费。

六、本参考单价采用 2013 年国内市场价格,电价采用北京市建设工程造价管理处 2013 年发布的价格:0.98 元/(kW·h)。

一、自动化仪表及系统(87-01)

编码	仪器仪表名称	性能规格	台班单价	费用组成(元)			
			元	折旧费	维护费	校验费	动力费
870110	温度仪表						
870110001	数字温度计	量程:-250~1767℃	8.16	4.56	1.20	2.16	0.24
870110005	专业温度表	量程:-200~1372℃	4.91	2.69	0.71	1.27	0.24
870110009	接触式测温仪	量程:-200~750℃,精度:±0.014%	44.87	30.94	4.79	8.90	0.24
870110010	接触式测温仪	量程:-250~1372℃	5.33	2.93	0.77	1.39	0.24
870110014	记忆式温度计	量程:-200~1372℃	4.01	2.17	0.57	1.03	0.24
870110018	单通道温度仪	量程:-50~300℃	8.84	4.95	1.30	2.35	0.24
870110022	双通道测温仪	量程:-50~1000℃	6.27	3.47	0.91	1.65	0.24
870110026	红外测温仪	量程:-50~2200℃	8.67	4.85	1.28	2.30	0.24
870110027	红外测温仪	量程:-30~1200℃,精度:±1%	39.38	26.93	4.26	7.95	0.24
870110028	红外测温仪	量程:600~3000℃,精度:±1%	46.79	32.35	4.97	9.23	0.24
870110029	红外测温仪	量程:200~1800℃,精度:±1%	42.34	29.10	4.54	8.46	0.24
870110033	手持高精度低温红外测量仪	量程:-50~500℃	25.99	17.15	2.97	5.63	0.24
870110037	温度校验仪	量程:-50~50℃	103.69	74.05	9.94	19.46	0.24
870110038	温度校验仪	量程:0~100℃	88.22	62.10	8.68	17.20	0.24
870110039	温度校验仪	量程:33~650℃	110.29	79.15	10.47	20.43	0.24
870110040	温度校验仪	量程:300~1205℃	108.32	77.63	10.31	20.14	0.24

续表

编码	仪器仪表名称	性 能 规 格	台班单价	费用组成(元)			
			元	折旧费	维护费	校验费	动力费
870110041	温度校验仪	量程:−10~55℃	39.82	27.25	4.30	8.03	0.24
870110042	温度检定箱 HWS−IV	量程:5~50℃,精度:±0.01%	115.88	84.69	11.06	19.90	0.24
870110045	热电偶精密测温仪	量程:−200~1800℃	11.23	6.36	1.55	3.08	0.24
870110049	干体式温度校验仪	量程:−20~650℃,精度:±0.06	96.93	68.83	9.39	18.47	0.24
870110053	温度电信号过程校准仪	量程:0~20mA	28.56	19.02	3.22	6.08	0.24
870110057	温度自动检定系统	量程:热电阻 0~300℃,热电偶 300~1200℃	139.96	102.06	12.89	24.77	0.24
870110058	温度自动检定系统	量程:300~1300℃	317.65	249.71	22.66	45.04	0.24
870110062	CEM 专业红外摄温仪	量程:−50~2200℃	11.72	6.72	1.60	3.16	0.24
870110066	红外非接触式测温仪	量程:−50~1400℃	33.31	22.50	3.67	6.90	0.24
870110070	标准热电偶	量程:300~1300℃	14.42	8.69	1.86	3.63	0.24
870110074	标准铂电阻温度计	量程:0~420℃	16.79	10.42	2.09	4.04	0.24
870110078	温度读数观测仪	量程:300~1300℃	8.73	4.89	1.29	2.31	0.24
870110082	热电偶管状检定炉	量程:0~1800℃,精度:<±0.5%	24.07	15.74	2.79	5.30	0.24
870110086	四通道数字测温仪	量程:在−100℃为±0.004℃,在100℃为±0.009℃。热敏电阻测量准确度在25℃为±0.0025℃,分辨率:0.0001℃	94.26	66.77	9.17	18.08	0.24
870110090	低温恒温槽	恒温范围:−5~100℃	9.46	5.31	1.40	2.51	0.24
870110094	铂铑−铂热电偶	量程:300~1300℃	7.22	4.02	1.06	1.90	0.24
870110098	自动温度校准系统	量程:−20~650℃,精度:±0.06%	96.93	68.83	9.39	18.47	0.24
870113	**压力仪表**						

续表

编码	仪器仪表名称	性 能 规 格	台班单价	费用组成(元)			
			元	折旧费	维护费	校验费	动力费
870113001	数字压力表	量程: −90kPa ~ 2.5MPa,精度:±0.05%	23.49	15.32	2.73	5.20	0.24
870113002	数字压力表	量程: −100 ~ 100psi,分辨率:0.1psi,精度:±0.4%	5.30	2.91	0.77	1.38	0.24
870113006	数字精密压力表	量程:0 ~ 60MPa	18.71	11.83	2.27	4.37	0.24
870113010	手提式数字压力表	量程:0 ~ 600kPa ~ 1000kPa,精度:±0.05%	68.63	48.31	7.07	13.01	0.24
870113014	高精度耐高温压力表	量程:0 ~ 16MPa,精度:±0.4%	43.08	29.64	4.61	8.59	0.24
870113015	数字微压计	量程:3500Pa,精度:±0.5%	5.14	2.82	0.74	1.34	0.24
870113019	数字式电子微压计	量程:压力:0 ~ 20kPa,风速:1.3 ~ 99.9m/s	45.62	31.49	4.86	9.03	0.24
870113020	数字式电子微压计	量程:±7000Pa	64.92	45.60	6.71	12.37	0.24
870113021	数字式电子微压计	量程:±10000Pa,精度:±0.01%	14.12	8.47	1.83	3.58	0.24
870113025	便携式电动泵压力校验仪	量程: −85kPa ~ 1MPa	46.00	31.77	4.89	9.10	0.24
870113029	多功能压力校验仪	量程: −0.1 ~ 70MPa	238.58	181.23	19.11	38.00	0.24
870113033	压力校验仪	量程:真空 ~ 70MPa	50.07	34.74	5.29	9.80	0.24
870113034	压力校验仪	量程: −100kPa ~ 2MPa	148.38	108.57	13.57	26.00	0.24
870113038	高压气动校验仪	量程:3.5MPa,精度:±0.05%	29.61	19.79	3.32	6.26	0.24
870113042	智能数字压力校验仪	量程:0 ~ 250kPa,精度:±2%	34.62	23.45	3.80	7.13	0.24
870113043	智能数字压力校验仪	量程: −0.1 ~ 250MPa,精度:±0.05%	57.64	40.28	6.01	11.11	0.24
870113047	高精度40通道压力采集系统	量程:0 ~ 15kHz	176.20	130.29	15.34	30.33	0.24
870113051	数字压力校准器	量程:0 ~ 689kPa	27.17	18.01	3.08	5.84	0.24
870113055	标准压力发生器	量程:0 ~ 200kPa	90.39	63.78	8.86	17.51	0.24
870113059	标准差压发生器 PASHEN	量程:0 ~ 200kPa	31.41	21.11	3.49	6.57	0.24

续表

编码	仪器仪表名称	性 能 规 格	台班单价	费用组成(元)			
			元	折旧费	维护费	校验费	动力费
870113063	智能数字压力校验仪	量程:0～60kPa,精度:±0.02%	25.11	16.50	2.89	5.48	0.24
870116	流量仪表						
870116001	数字压差计	量程:0～20kPa	9.29	5.21	1.37	2.47	0.24
870116005	超声波流量计	量程:0.01～30m/s,精度:±1%	8.73	4.89	1.29	2.31	0.24
870116006	超声波流量计	量程:流速>0.3m/s,精度:±0.5%,流速≤0.3m/s,精度:±0.003%	73.83	52.11	7.57	13.91	0.24
870116010	便携式双探头超声波流量计	量程:流速:0～64m/s	10.19	5.60	1.45	2.90	0.24
870122	机械量仪表						
870122001	单通道在线记录仪	量程(DC):10mV～50V,0.1～10mA	35.64	24.15	3.89	7.29	0.31
870122005	双通道在线记录仪	量程(AC):100～400V,10～500A	42.62	29.25	4.56	8.50	0.31
870122009	转速表	量程:50～40000rpm,(多量程),精度:显示值×(±0.05%)=±1位	18.76	11.81	2.27	4.37	0.31
870125	显示仪表						
870125001	彩色监视器	最高清晰度:1250TVL	5.32	2.50	0.66	1.18	0.98
870131	气动单元组合仪表						
870131001	气动综合校验台	综合校验	10.01	5.08	1.34	2.41	1.18
870134	电动单元组合仪表						
870134001	电动综合校验台	综合校验	19.44	11.67	2.25	4.34	1.18
870199	其他自动化仪表及系统						
870199001	特稳携式校验仪	量程:0～10V,4～20mA,10种热电偶,4种热电阻的稳定标准信号输出与测量,精度:±0.02%	44.26	30.18	4.69	8.72	0.67

续表

编码	仪器仪表名称	性 能 规 格	台班单价	费用组成(元)			
			元	折旧费	维护费	校验费	动力费
870199003	无线高压核相仪	量程:0.38~550kV,同相误差≤10°,不同相误差≤15°	14.10	8.14	1.79	3.50	0.67
870199005	现场过程信号校准仪	量程:300V/30mA	85.55	59.71	8.43	16.74	0.67
870199007	综合校验仪	量程:11~300V,精度:0.01%	97.56	68.99	9.40	18.50	0.67
870199009	手操器	量程:0~50000kPa,输出信号:2~4mA	69.81	48.86	7.14	13.14	0.67
870199011	笔记本电脑	配置:CPU 主频3.3GHz,内存4GB,硬盘1T,独立显卡	11.13	5.97	1.50	2.99	0.67
870199013	宽行打印机	136 列	6.29	3.24	0.85	1.53	0.67
870199015	里氏硬度计	量程:HL200~960,HV32~1000,HB30~680,HRB4~100,HRC20~70,HSD32~102,精度:±4%	27.85	18.19	3.11	5.88	0.67
870199017	过程仪表	量程:压力:0~4MPa,温度:-40~600℃,湿度:0~100%	25.25	16.29	2.86	5.43	0.67
870199019	数字毫秒表	量程:0.0001~9999.9s,精度:优于 5×10^{-5}	4.44	2.17	0.57	1.03	0.67
870199023	三参数测试仪	量程:输出电压:0~1000V,精度:±1%,恒定电流:1mA,精度:±2%,漏电流测量:20μA,200μA	10.10	5.43	1.43	2.57	0.67

二、电工仪器仪表(87-06)

编码	仪器仪表名称	性 能 规 格	台班单价	费用组成(元)			
			元	折旧费	维护费	校验费	动力费
870613	电工仪器及指针式电表						
870613001	高压直流电压表	量程:0~40kV	13.14	7.82	1.74	3.42	0.16
870613005	数字高压表	精度:AC 1.5%,DC 1.5%	13.02	7.73	1.73	3.40	0.16
870613009	变压器欧姆表	量程:0~2000Ω	16.87	10.13	2.17	3.90	0.16
870613013	兆欧表	量程:0.01Ω~20kΩ,0.1~600V	6.76	3.80	1.00	1.80	0.16
870613014	兆欧表	量程:1000GΩ±2%,50V~1kV	37.39	25.54	4.07	7.62	0.16
870613018	高压兆欧表	量程:1~1000GΩ,500V~5kV	54.85	38.30	5.75	10.64	0.16
870613019	高压兆欧表	量程:200GΩ/400GΩ,5kV/10kV	25.88	17.12	2.97	5.63	0.16
870613020	高压兆欧表	量程:2000GΩ,100V~1kV	28.22	19.04	3.22	5.80	0.16
870613023	手持式万用表	10000 计数,真有效值	4.78	2.66	0.70	1.26	0.16
870613024	手持式万用表	50000 计数,真有效值,PC 接口	7.42	4.18	1.10	1.98	0.16
870613028	工业用真有效值万用表	直/交流电压:0.1mV~1000V,直/交流电流:0.1μA~10A,电阻:0.1Ω~50MΩ,电容:1nF~9999μF,频率:0.5Hz~199.99kHz,K 型热电偶温度:-200~1090℃	6.55	3.68	0.97	1.74	0.16
870613032	真有效值数据存储型万用表	直/交流电压:50mV~1000V,直/交流电流:500μA~10A,电阻:50Ω~500MΩ,电容:1nF~100mF,频率:1Hz~1MHz,K 型热电偶温度:-200~1350℃	8.99	5.08	1.34	2.41	0.16
870613036	钳形漏电流测试仪	量程:20mA~200A	6.16	3.45	0.91	1.64	0.16
870613037	钳形漏电流测试仪	量程:200mA~1000A	9.15	5.18	1.36	2.45	0.16

续表

编码	仪器仪表名称	性 能 规 格	台班单价	费用组成（元）			
			元	折旧费	维护费	校验费	动力费
870613041	多功能交直流钳形测量仪	量程:DC:2000A,1000V,AC:2000A,750V,R:4000Ω	4.69	2.61	0.69	1.23	0.16
870613045	钳形交流表	量程:1000V,2000A,40MΩ	4.87	2.71	0.71	1.29	0.16
870613049	便携式电导率表	量程:0~2000μs/cm	8.23	4.65	1.22	2.20	0.16
870613053	绝缘油试验仪	量程:20~80kV,精度:±2%,升压速率测量误差小于0.5%,时间读数分辨率39μs,最高击穿电压设置:80kV	207.58	155.90	17.43	34.09	0.16
870622	电阻测量仪器						
870622001	电桥(超高频导纳)	量程:1~100MHz,0~100ms	9.59	5.43	1.43	2.57	0.16
870622005	电桥(导纳)	量程:300kHz~1.5MHz,0.1μs~100ms	13.59	8.14	1.79	3.50	0.16
870622009	电桥(高频阻抗)	量程:60kHz~30MHz,0.5~32Ω	12.10	7.06	1.64	3.24	0.16
870622013	变压比电桥	$K=1.02~1111.12$	12.84	7.60	1.71	3.37	0.16
870622017	数字电桥	量程:0.0μH~9999H,0~100MΩ,0.0~9999μF	8.93	5.05	1.33	2.39	0.16
870622018	数字电桥	量程:20Hz~1MHz,8600点,精度:±0.05%	69.30	48.86	7.14	13.14	0.16
870622022	电压比测试仪(变比电桥)	三相:0~1000,单相:0~5000	169.45	124.86	14.90	29.53	0.16
870622026	LCR电桥	量程:12Hz~200kHz,精度:±0.05%	32.02	21.61	3.56	6.69	0.16
870622030	智能电桥测试仪	分辨率:0~1999μF,精度:±1.0%,量程:0~1000A,精度:±1.0%	40.34	27.69	4.36	8.13	0.16
870622034	电位差计	量程:1μV~1.911110V,精度:±0.01%	8.49	4.80	1.26	2.27	0.16
870622035	电位差计	量程:1μV~4.9999V,0.1μA~19.999mA,精度:±0.05%	6.76	3.80	1.00	1.80	0.16
870622039	钳形接地电阻测试仪	量程:0.1~1200Ω,1mA~30A	14.47	8.79	1.87	3.65	0.16
870622043	单钳口接地电阻测试仪	量程:0.01~4000Ω	9.59	5.43	1.43	2.57	0.16
870622047	回路电阻测试仪	量程:1~1999μΩ,分辨率:1μΩ	21.75	14.11	2.57	4.91	0.16

续表

编码	仪器仪表名称	性 能 规 格	台班单价	费用组成(元)			
			元	折旧费	维护费	校验费	动力费
870622051	高精度回路电阻测试仪	量程:0.01~6000μΩ	20.28	13.03	2.43	4.66	0.16
870622055	接地电阻测试仪	量程:0.001Ω~299.9kΩ	62.48	43.87	6.49	11.96	0.16
870622056	接地电阻测试仪	量程:0~4000Ω,精度:±2%	3.93	2.17	0.57	1.03	0.16
870622060	接地引下线导通电阻测试仪	量程:1~1999mΩ	15.82	9.77	2.00	3.89	0.16
870622064	高压绝缘电阻测试仪	量程:0.05~50Ω,1~100mΩ,1000V	43.30	29.86	4.64	8.64	0.16
870622068	交/直流低电阻测试仪	量程:1μΩ~2MΩ,精度:±0.05%	8.60	4.86	1.28	2.30	0.16
870622072	变压器直流电阻测试仪	量程:1mΩ~4Ω,5A,1mΩ~1Ω,10A	21.75	14.11	2.57	4.91	0.16
870622076	直流电阻测量仪	量程:1mΩ~1.999kΩ	4.03	2.23	0.59	1.05	0.16
870622077	直流电阻测量仪	量程:0.1μΩ~199.99kΩ	20.28	13.03	2.43	4.66	0.16
870622081	等电位连接电阻测试仪	量程:0.1~200Ω,精度:±3%	6.95	3.91	1.03	1.85	0.16
870622085	直流电阻速测仪	量程:0~20kΩ	104.30	74.59	9.99	19.56	0.16
870622089	交流阻抗测试仪	量程:电流:100mA~50A,精度:±0.5%,电压:10~500V,精度:±0.5%	72.29	51.04	7.43	13.66	0.16
870622093	变压器短路阻抗测试仪	量程:电压:25~500V,精度:±0.1%;电流:0.5~50A,精度:±0.1%;阻抗:0~100%,精度:±0.1%;功率:15W~10kW,精度:±0.2%	47.75	33.11	5.07	9.41	0.16
870622097	断路器动特性综合测试仪	输入电源:AC 220V,输出电压:DC 30~250V,输出电流:≤20.00A,时间:0.1~16000.0ms,精度:0.1%±0.1ms,速度:0.1~20.00m/s,精度:1%±0.1m/s,行程:0.1~600.0mm,精度:1%±1mm,合闸电阻:≤7000Ω	185.92	138.27	15.99	31.50	0.16
870622101	变压器绕组变形测试仪	量程:1kHz~2MHz,扫频点:2000,精度:±1%	57.56	40.28	6.01	11.11	0.16
870622105	精密标准电阻箱	量程:0.01~111111.11Ω	4.87	2.71	0.71	1.29	0.16
870622109	互感器测试仪	量程:HES-1Bx,3.0级	32.15	21.71	3.57	6.71	0.16

续表

编码	仪器仪表名称	性能规格	台班单价	费用组成(元)			
			元	折旧费	维护费	校验费	动力费
870622113	导通测试仪	量程:1mΩ~2Ω,精度:±0.2%	18.56	11.78	2.26	4.36	0.16
870622117	水内冷发电机绝缘特性测试仪	量程:40MΩ~10GΩ,精度:±5%	113.16	81.43	10.71	20.86	0.16
870628	记录电表、电磁示波器						
870628001	高速信号录波仪	连续:200kS/s,瞬间:2MS/s	50.18	34.74	5.29	9.80	0.35
870628005	电量记录分析仪	量程:电压:-400~400V,(多量程),电流:-20~20mA	156.28	114.00	14.01	27.94	0.33
870628009	数据记录仪	8通道	79.82	55.55	7.99	15.95	0.33
870699	其他电工仪器、仪表						
870699001	调频串联谐振交流耐压试验装置	量程:132kV/A27	130.51	94.46	12.09	23.33	0.63
870699005	调速系统动态测试仪	密度:0~3g/cm³,精度:±0.001%,温度:0~100℃,精度:±0.5%	121.36	87.40	11.34	21.99	0.63
870699009	变比自动测量仪	$K=1~1000$	34.41	23.02	3.74	7.02	0.63
870699013	电能表校验仪	量程:200~2000V·A	71.26	49.94	7.29	13.40	0.63
870699017	三相便携式电能表校验仪	量程:0~360W,准确度等级:0.2级、0.3级	183.78	136.14	15.82	31.19	0.63
870699021	继电器检验仪	功率差动	44.81	30.62	4.74	8.82	0.63
870699022	继电器试验仪	量程:0~450V,0~60A	503.94	424.67	26.30	52.34	0.63
870699026	真空断路器测试仪	量程:10-5~10-1Pa	38.57	26.06	4.14	7.74	0.63
870699027	真空断路器测试仪	量程:10~60kV	93.85	66.15	9.11	17.96	0.63
870699031	电感电容测试仪	电容:2~2000μF,电感:5~500mH	6.00	3.09	0.81	1.47	0.63
870699035	电压电流互感器二次负荷在线测试仪	比差:0.001%~19.99%,角差:0.01′~599′	31.89	21.17	3.50	6.59	0.63

续表

编码	仪器仪表名称	性 能 规 格	台班单价	费用组成(元)			
			元	折旧费	维护费	校验费	动力费
870699039	压降测试仪	量程:比差:0.001% ~ 19.99%,角差:0.01′ ~ 599′,分辨率:比差 0.001%,角差:0.01′,导纳:1 ~ 50.0ms	54.91	38.00	5.71	10.57	0.63
870699043	伏安特性测试仪	量程:0 ~ 600V,0 ~ 100A	62.35	43.43	6.43	11.86	0.63
870699047	三相多功能钳形相位伏安表	量程:U:45 ~ 450V,精度:±0.5%,I:1.5mA ~ 10A,精度:±0.5%,Φ:0 ~ 360°,精度:±1.0°,F:45 ~ 65Hz,精度:±0.03%,P:220 ± 40V,精度:±0.5%,PF:220 ± 40V,精度:±0.01%	20.45	12.81	2.40	4.61	0.63
870699051	全自动变比组别测试仪	$K = 1 ~ 1000$,精度:±0.2%	20.01	12.49	2.36	4.53	0.63
870699052	全自动变比组别测试仪	$K = 1 ~ 9999.9$	17.77	10.86	2.14	4.14	0.63
870699056	多功能电能表现场校验仪	电能测量:0.1 级(内部互感器),0.2 级(电流钳),电压:110 ~ 400V,内部电流钳 10A,外部电流钳 30A 或 100A	29.66	19.54	3.29	6.20	0.63
870699060	电能校验仪	电流:AC:6 × (0 ~ 12.5) A,3 × (0 ~ 25) A,1 × (0 ~ 75) A,DC:±75A,电压:AC:4 × (0 ~ 300) V,3 × (0 ~ 300) V,1 × (0 ~ 600) V,DC:4 × (0 ~ ±300) V	37.09	24.97	4.00	7.49	0.63
870699064	2000A 大电流发生器	量程:输出电流:串联 2000A,并联 4000A,精度:±0.5%	33.39	22.27	3.64	6.85	0.63
870699068	相位表	量程:电压:20 ~ 500V,精度:±1.2%,电流:200mA ~ 10A,精度:±1%,相位:0 ~ 360°,精度:±0.03%	11.23	6.08	1.51	3.01	0.63
870699072	相序表	量程:70 ~ 1000VAC,频率:45 ~ 66Hz	4.40	2.17	0.57	1.03	0.63
870699076	微机继电保护测试仪	量程:0.1ms ~ 9999s,精度:0.1ms	81.72	56.78	8.12	16.19	0.63
870699080	继电保护检验仪	量程:AC:0 ~ 20A,0 ~ 120V,DC:0 ~ 20A,0 ~ 300V,(三相)	255.58	195.43	19.97	39.55	0.63
870699084	继电保护装置试验仪	量程:相电压:3 × (0 ~ 65) V,线电压:3 × (0 ~ 112) V,精度:±0.5%,电流:三相 30A,三相并联 60A,精度:±0.5%	57.89	40.17	6.00	11.09	0.63

续表

编码	仪器仪表名称	性能规格	台班单价	费用组成(元)			
			元	折旧费	维护费	校验费	动力费
870699088	交直流高压分压器(100kV)	量程:分压器阻抗:1200MΩ,电压等级 AC:100kV,DC: 100kV,精度:AC:±1.0%,DC:±0.5%,分压比:1000:1	27.87	18.24	3.11	5.89	0.63
870699092	YDQ 充气式试验变压器	量程:1~500kV·A,空载电流:<7%,阻抗电压:<8%	61.50	42.81	6.35	11.71	0.63
870699096	高压试验变压器配套操作箱、调压器	TEDGC-50/0.38/0~0.42	43.02	29.31	4.57	8.51	0.63
870699100	发电机转子交流阻抗测试仪	量程:阻抗:0~999.999Ω,电压:10~500V,电流:100mA~50A	54.17	37.46	5.64	10.44	0.63
870699104	发电机定子端部绝缘监测杆	量程:DC:0~20kV,0~1000μA,精度:1.0级,阻抗:100MΩ	139.23	101.20	12.80	24.60	0.63
870699108	工频线路参数测试仪	量程:0~750V,0~100A,精度:±0.5%	59.37	41.26	6.14	11.34	0.63
870699112	电路分析仪	量程:相电压:85~265VAC,精度:±1%,频率:45~65Hz,精度:±1%,电压降:0.1%~99%,线阻抗:3Ω	81.88	56.91	8.13	16.21	0.63
870699116	电力谐波测试仪	量程:功率:0~600kW,峰值:0~2000kW,电流:1~1000mA (AC+DC),电压:5~600V(AC+DC),谐波:基波:31次谐波	27.42	17.91	3.07	5.81	0.63
870699120	调谐试验装置	XSB-720/60	272.09	209.54	20.83	41.09	0.63
870699124	最佳阻容调节器 RCK	500kV:隔直工频阻抗:0.05Ω,耐受持续的250ms 冲击电流:25kA,耐受4s 电流冲击 25kA 220kV:隔直工频阻抗:0.096Ω,耐受持续的250ms 冲击电流15kA,耐受4s 电流冲击 9.5kA	275.39	212.37	21.00	41.39	0.63
870699128	线路参数测试仪	量程:电容:0.1~30μF,分辨率:0.01μF,阻抗:0.1~400Ω,分辨率:0.01Ω,阻抗角:0.1°~360°,分辨率:0.01°	204.63	153.11	17.21	33.68	0.63

续表

编码	仪器仪表名称	性 能 规 格	台班单价	费用组成(元)			
			元	折旧费	维护费	校验费	动力费
870699132	综合测试仪	开路电压:(200~5500)V±10%,50Ω 负载时波形:100~2750V,单个脉冲上升时间 T_r:5ns±30%,单个脉冲持续时间 T_d:50ns±30%,1000Ω 负载时波形:200~5500V,单个脉冲上升时间 T_r:5ns±30%,单个脉冲持续时间 T_d:35~50ns,源阻抗:$Z_q=50Ω±20\%$	457.92	380.28	25.72	51.29	0.63
870699136	现场测试仪	综合测试	56.49	39.15	5.87	10.84	0.63
870699140	多倍频感应耐压试验器	量程:10kVA	43.02	29.31	4.57	8.51	0.63
870699144	高压核相仪	量程:0~10kV	20.88	13.13	2.44	4.68	0.63
870699148	高压开关特性测试仪	量程:0~999.9ms	57.80	40.11	5.99	11.07	0.63
870699152	高压试验成套装置	量程:0~200kV AC	826.73	735.98	30.40	59.72	0.63
870699156	自动介损测试仪	量程:0.1%<tanδ<50%,3pF<C_x<60000pF,10kV 时,C_x≤30000pF,5kV 时,C_x≤60000pF	56.51	39.16	5.87	10.85	0.63
870699160	多功能信号校验仪	测量:输出和模拟 mA、mV、V、欧姆、频率和多种 RTD、T/C 信号	144.77	105.48	13.25	25.41	0.63
870699164	TPFRC 电容分压器交直流高压测量系统	量程:AC/DC 0~300 kV(选择购买),分压比:$K=1000$ 精度:±0.5%	133.03	96.41	12.29	23.70	0.63
870699168	变压器特性综合测试台	量程:10~1600kVA,精度:0.2 级,输出电压:0~430V(可调)	130.07	94.13	12.05	23.26	0.63
870699172	振动动态信号采集分析系统	范围:16、32、48、64 点的测量系统	90.20	63.33	8.81	17.43	0.63
870699176	保护故障子站模拟系统	子站信息采集	110.31	78.87	10.44	20.37	0.63
870699180	绝缘耐压测试仪	量程:0~500V	8.36	4.45	1.17	2.11	0.63
870699184	静电测试仪	低量程:±1.49kV,高量程:±1~20kV	7.51	3.96	1.04	1.88	0.63
870699188	三相精密测试电源	量程:100V、220V、380V	143.83	104.75	13.17	25.28	0.63
870699192	关口计量表测试专用车	关口计量表测试专用车	801.14	664.65	29.46	58.03	49.00

三、光学仪器(87-11)

编码	仪器仪表名称	性 能 规 格	台班单价	费用组成(元)			
			元	折旧费	维护费	校验费	动力费
871113	大地测量仪器						
871113001	经纬仪	最短视距:0.2m,放大倍数:32x	82.87	58.27	8.50	15.63	0.47
871113005	电子经纬仪	最小视距:1.4m,放大倍数:3x 调焦,量程 0.5m ~ ∝,视场角:5°	13.15	7.60	1.71	3.37	0.47
871113009	光学经纬仪	水平方向标准偏差:≤ ±0.8″,垂直方向标准偏差:≤ ±6″,视场角:1°30′,最短视距:2m	21.33	13.57	2.50	4.79	0.47
871113013	电子水准仪	观测精度:±0.3mm,最小显示:0.01mm/5′,安平精度:±0.2%	66.65	46.69	6.86	12.63	0.47
871113014	电子水准仪	量程:1.5 ~ 100m,精度:±0.3%	145.80	106.40	13.34	25.59	0.47
871113018	激光测距仪	量程:4 ~ 1000m,精度:±1%	16.86	10.31	2.07	4.01	0.47
871113019	激光测距仪	量程:100 ~ 25000m,精度:±6%	377.59	304.00	24.43	48.69	0.47
871113023	手持式激光测距仪	量程:0.2 ~ 200m,精度:±1.5%	20.29	12.81	2.40	4.61	0.47
871119	物理光学仪器						
871119001	固定式看谱镜	量程:390 ~ 700nm,分辨率:0.05 ~ 0.11nm	26.53	17.37	3.00	5.69	0.47
871119005	原子吸收分光光度计	波长:190 ~ 900nm	112.06	80.34	10.60	20.65	0.47
871119009	可见分光光度计	波长:340 ~ 900nm	127.53	92.29	11.86	22.91	0.47
871119013	红外光谱仪	光谱范围:4000 ~ 400cm-1,分辨率:1.5cm-1	173.76	128.11	15.17	30.01	0.47

续表

编码	仪器仪表名称	性能规格	台班单价	费用组成(元)			
			元	折旧费	维护费	校验费	动力费
871119017	光谱分析仪	量程:600~1750nm	505.33	426.16	26.32	52.38	0.47
871119021	偏振模色散分析仪	波长:1500~1600nm,色散系数:0.1~75ps	728.31	641.22	29.15	57.47	0.47
871119025	光源	波长:1310/1550nm,功率:-7dBm	6.50	3.47	0.91	1.65	0.47
871119029	高稳定度光源	波长:1310/1550nm	41.27	28.14	4.42	8.24	0.47
871119033	可调激光源	波长:1500~1580nm	467.29	389.47	25.84	51.51	0.47
871119037	紫外线灯	波长:365nm,紫外线:3500~90000μW/cm^2	23.59	14.95	2.80	5.37	0.47
871119041	专业级照度计	量程:0.01~999900Lux,分辨率:0.01Lux,精度:±3%	5.31	2.79	0.73	1.32	0.47
871119045	彩色亮度计	色温:1500~25000K,亮度:0.01~32000000cd/m^2,精度:±3%	49.59	33.95	5.30	9.87	0.47
871119049	成像亮度计	亮度:0.01cd/m^2~15kcd/m^2,精度:±5%	94.26	65.61	9.41	18.77	0.47
871119053	数字照度计	量程:0.1~19990Lux,精度:±5%	20.49	12.68	2.50	4.84	0.47
871119057	色度计	量程:380~780nm,精度:±0.3nm	208.87	154.53	18.11	35.76	0.47
871122	光学测试仪器						
871122001	光纤测试仪	860±20nm	303.09	236.41	22.10	44.03	0.55
871122002	光纤测试仪	量程:-70~3dBm	39.98	27.14	4.29	8.00	0.55
871122006	智能型光导抗干扰介损测量仪	介损:0~50%,分辨率:0.0001,电容:C_x≤60000pF,分辨率:0.1pF	42.10	29.77	2.90	8.88	0.55
871122010	手持光损耗测试仪	波长:850~1650nm	12.49	7.06	1.64	3.24	0.55
871122011	手持光损耗测试仪	波长:0.85/1.3/1.55nm	6.21	3.26	0.86	1.54	0.55
871122015	光纤接口试验设备	传输速率:10/100,传输距离:2km,接口:RJ-45,ST	7.30	3.89	1.02	1.84	0.55

续表

编码	仪器仪表名称	性 能 规 格	台班单价	费用组成(元)			
			元	折旧费	维护费	校验费	动力费
871122019	光时域反射计	波长:850/1300/1310/1550nm,动态量程:22dB(mm),26dB(sm)	20.67	13.03	2.43	4.66	0.55
871122020	光时域反射计	波长:1310/1550nm,动态量程:34/32dB	26.61	17.37	3.00	5.69	0.55
871122021	光时域反射仪	波长:1310/1490/1550/1625nm±20nm	120.59	86.86	11.29	21.89	0.55
871122022	光时域反射计	动态量程:45dB,最小测试距离:0.8m	47.41	32.57	5.00	9.29	0.55
871122026	光纤熔接机	单模、多模	127.61	92.29	11.86	22.91	0.55
871122030	光功率计	量程:−75~25dBm,波长:750~1700nm	65.67	45.91	6.76	12.45	0.55
871122034	光衰减器	最大衰减:65dB	65.38	45.70	6.73	12.40	0.55
871122038	可编程光衰减器	量程:0~60dB	103.16	73.40	9.87	19.34	0.55
871122042	DWDM系统分析仪	波长:1450~1650nm,通道数:256	291.94	226.43	21.68	43.28	0.55
871122046	光纤寻障仪	量程:60km	29.58	19.54	3.29	6.20	0.55
871122050	手提式光纤多用表	量程:−70~0dB	18.64	11.55	2.23	4.31	0.55
871134	**红外仪器**						
871134001	红外热像仪	量程:−20~1200℃,bx:−20~650℃	290.95	225.83	21.65	43.23	0.24
871134002	红外热像仪	量程:−40~650℃,高温选项达2000℃	443.73	366.97	25.54	50.98	0.24
871134006	红外成像仪	640×480像素	753.30	665.54	29.47	58.05	0.24
871137	**激光仪器**						
871137001	激光轴对中仪	最大穿透:50mm(A3钢)	118.05	78.81	17.66	21.27	0.31

四、分析仪器(87 - 16)

编码	仪器仪表名称	性 能 规 格	台班单价	费用组成(元)			
			元	折旧费	维护费	校验费	动力费
871610	电化学分析仪器						
871610001	pH 测试仪	量程:0.00 ~ 14.00,分辨率:0.01,精度:±0.01	8.15	4.51	1.19	2.14	0.31
871610009	台式 pH/ISE 测试仪	分辨率: - 2.000 ~ 19.999ISE,量程:0 ~ 19900,分辨率:1,精度: ±0.05%	58.09	40.28	6.13	11.37	0.31
871625	色谱仪						
871625001	便携式电力变压器油色谱分析仪	升温速度:1 ~ 10℃/s,灵敏度:5×10^{-11} g/s,线性量程:106,敏感度:$S \geqslant 3000$mV · mL/mg,噪声:≤20μV,漂移:≤50μV/30min	355.19	274.99	25.75	51.31	3.14
871625005	油色谱分析仪	检测限:Mt ≤ 8 × 10 ~ 12g/s,噪声:≤ 5 × 10 ~ 14A,漂移:≤1 × 10 ~ 13A/30min,灵敏度:$S \geqslant 3000$mV · mL/mg,噪声:≤20μV,漂移:≤30μV/30min	231.77	171.00	19.45	38.18	3.14
871625009	离子色谱仪	物理分辨率:0.0047ns/cm	255.11	190.00	21.00	40.97	3.14
871631	物理特性分析仪器及校准仪器						
871631001	精密数字温湿度计	储存温度: - 30 ~ 70℃,操作温度: - 20 ~ 50℃	52.56	35.97	5.57	10.35	0.67
871631005	毛发高清湿度计	温度量程: - 25 ~ 40℃,湿度量程:30 ~ 100% RH	5.50	2.78	0.73	1.32	0.67
871631009	浊度仪	量程:0 ~ 500	16.87	10.13	2.17	3.90	0.67
871631013	可拆式烟尘采样枪	量程:0.8 ~ 3m	45.64	31.16	4.93	8.88	0.67
871634	环境监测专用仪器及综合分析装置						

续表

编码	仪器仪表名称	性 能 规 格	台班单价	费用组成(元)			
			元	折旧费	维护费	校验费	动力费
871634001	多功能环境检测仪	声级:30～130dB,照度:0～2000Lux,风速:0.5～20m/s,风量:0～999900ppm	5.07	2.53	0.67	1.20	0.67
871634009	便捷式污染检测仪	5～150μm 颗粒污染	29.00	19.00	3.33	6.00	0.67
871634025	$\chi-\gamma$ 辐射剂测量仪	量程:$(1～100000)\times10^{-8}$Gy/h	8.59	4.56	1.20	2.16	0.67
871634033	粒子计数器	粒径通道:0.3、0.5、1.0、2.0、5.0、10.0μm,流量:0.1CFM	101.31	70.91	9.96	19.77	0.67
871634041	微电脑激光粉尘仪	量程:0.01～100mg,重复性:±2%,精度:±10%	46.32	31.41	4.97	9.27	0.67
871634049	激光尘埃粒子计数器	通道1:0.3μm,通道2:0.5、1、3、5μm	37.65	25.08	4.13	7.77	0.67
871634057	尘埃粒子计数器	量程:0.3～5.0μm	63.65	44.08	6.63	12.27	0.67
871634065	粉尘快速测试仪	流量:5～80L/min	33.67	22.17	3.75	7.08	0.67
871634073	便携式烟气预处理器	量程:0～120℃	37.31	24.83	4.10	7.71	0.67
871634081	烟尘测试仪	量程:5～80L/min	45.97	31.16	4.93	9.21	0.67
871634089	四合一粒子计数器	粒径通道:0.3、0.5、1.0、2.5、5.0、10μm,空气温度量程:0～50℃,精度:±0.5℃,量程:0.01～5.00ppm,精度:±5% ±0.01ppm,CO量程:0～1000ppm,精度:±5% ±10ppm	20.65	12.65	2.50	4.83	0.67
871634097	便携式污染检测仪	精确目测5～150μm 颗粒污染	29.33	19.00	3.33	6.33	0.67
871634105	便携式精密露点仪	精度:±0.5%,0.3kW	104.62	73.47	10.23	20.25	0.67
871634113	噪声分析仪	量程:25～130dB	20.15	12.29	2.45	4.74	0.67
871634121	精密噪声分析仪	量程:28～138dB,频率:20Hz～8kHz	86.53	60.80	8.83	16.23	0.67
871634129	噪声计	量程:30～130dB,分辨率:0.1dB,精度:±1.5%,频率:31.5Hz～8kHz	10.71	5.78	1.52	2.74	0.67
871634137	噪声系数测试仪	量程:10MHz～18GHz	64.00	44.33	6.67	12.33	0.67
871634145	噪声测试仪	量程:0～30dB,频率:10MHz～26.5GHz	63.13	43.70	6.58	12.18	0.67
871634153	数字杂音计	频率:30Hz～20kHz,电平:-100～20dB	14.43	8.11	1.90	3.75	0.67

续表

编码	仪器仪表名称	性 能 规 格	台班单价	费用组成(元)			
			元	折旧费	维护费	校验费	动力费
871634161	2通道建筑声学测量仪	建筑物内两室之间空气隔声现场测量、外墙构件和外墙面空气隔声测量、楼板撞击声隔声测量、室内混响时间测量和平均声压测量	150.54	108.93	13.97	26.97	0.67
871634169	总有机碳分析仪	50g/L	35.40	23.43	3.92	7.38	0.67
871634177	余氯分析仪	量程:0~2.5mg/L	11.23	6.08	1.60	2.88	0.67
871634185	氧量分析仪	气体流量:200mL/min	25.52	16.21	2.97	5.67	0.67
871634193	旋转腐蚀挂片试验仪	72.4×11.5×2	27.60	17.73	3.17	6.03	0.67
871634201	煤粉气流筛	气流量:360m³/h	101.67	71.19	9.99	19.82	0.67
871634209	BOD测试仪	量程:0.00~90.0mg/L,0.0~600%,分辨率:0.1/0.01mg/L,1/0.1%	51.52	35.21	5.47	10.17	0.67
871637	校准仪						
871637001	多功能校准仪	直流电压:-10.00mV~30.00V,精度:0.02%,直流电流:24.00mA,精度:0.02%,频率:1.00Hz~10kHz,频率精度:0.05%	39.77	26.93	4.38	8.21	0.25
871640	校验仪						
871640001	过程校验仪	电压:0~30V,电流:0~24mA,频率:1~10000Hz,电阻:0~3200Ω	60.95	42.41	6.41	11.88	0.25
871640009	高精度多功能过程校验仪	电压:0~250V,精度:±0.015%,电流:4~20mA,精度:±0.015%,电阻:0~4000Ω,精度:±0.01%,频率:1~10kHz,精度:±0.05%,脉冲:2CPM~10kHz,精度:±0.05%	183.06	133.70	16.41	32.70	0.25
871640017	回路校验仪	量程(DC):24V,精度:±10%	109.62	77.65	10.67	21.05	0.25
871640025	多功能校验仪	量程:-0.1~70MPa	278.33	211.44	22.30	44.34	0.25
871699	其他分析仪器						
871699001	过程回路排障表	量程:4~20mA	16.98	10.25	2.18	4.26	0.29

五、试验机(87-21)

编码	仪器仪表名称	性能规格	台班单价	费用组成(元)			
			元	折旧费	维护费	校验费	动力费
872119	测力仪						
872119001	标准测力仪	量程:30kN	12.88	7.35	1.80	3.57	0.16
872119002	标准测力仪	量程:300kN	16.52	10.01	2.15	4.20	0.16
872128	探伤仪器						
872128001	探伤机	最大穿透力:29mm	34.10	22.80	3.83	7.23	0.24
872128002	探伤仪	退磁效果:≤0.2mT	13.30	7.60	1.83	3.63	0.24
872128010	磁粉探伤仪	最佳气隙约:0.5~1mm	16.77	10.13	2.17	4.23	0.24
872128011	磁粉探伤仪	最大穿透力:39mm(A3钢)	65.30	45.60	6.83	12.63	0.24
872128019	X射线探伤机	最大穿透力:75mm	107.47	76.00	10.50	20.73	0.24
872128020	X射线探伤机	穿透厚度:4~40mm	138.63	100.07	13.03	25.29	0.24
872128028	超声波探伤仪	扫描量程:0~4500mm,频率:0.5~10MHz	169.79	124.13	15.57	29.85	0.24
872128029	超声波探伤仪	扫描量程:0.0~10000mm,声速量程:1000~15000m/s,脉冲移位:-20~3000μs	107.15	75.75	10.47	20.69	0.24
872128030	超声波探伤仪	量程:DN15~DN100mm,流体温度≤110℃	27.17	17.73	3.17	6.03	0.24
872128038	彩屏超声波探伤仪	扫描量程:0.5~4000mm,频率量程:0.4~20MHz	51.44	35.47	5.50	10.23	0.24
872128046	γ射线探伤仪(Ir192)	透照厚度:10~80mm(Fe),300mm(混凝土)	6.79	3.77	0.99	1.79	0.24
872131	防腐层检测仪						
872131001	防腐层检测仪	量程:0~5000μm	7.94	4.43	1.17	2.10	0.24
872134	扭矩测试仪						
872134001	动态扭矩测试仪	量程:1~500N·m	78.63	50.99	12.76	14.64	0.24

六、电子和通信测量仪器仪表(87-31)

编码	仪器仪表名称	性 能 规 格	台班单价	费用组成(元)			
			元	折旧费	维护费	校验费	动力费
873110	信号发生器						
873110001	低频信号发生器	范围:1Hz~1MHz	7.02	3.66	0.96	1.73	0.67
873110003	标准信号发生器	范围:0.05~1040MHz	8.11	4.28	1.13	2.03	0.67
873110004	标准信号发生器	范围:1~2GHz,输出:≥10mV	11.77	6.65	1.50	2.95	0.67
873110005	标准信号发生器	范围:2~4GHz,输出:≥100mV	10.09	5.42	1.34	2.66	0.67
873110006	标准信号发生器	范围:4~7.5GHz,输出:5mW	11.58	6.51	1.48	2.92	0.67
873110007	标准信号发生器	范围:8.2~10GHz,输出:≥1mW	15.81	9.60	1.89	3.65	0.67
873110008	标准信号发生器	范围:12.4~18GHz,输出:5mV	12.94	7.51	1.61	3.15	0.67
873110010	微波信号发生器	范围:0.8~2.4GHz	7.78	4.09	1.08	1.94	0.67
873110011	微波信号发生器	范围:2~4GHz,输出:≥15mV	15.29	9.22	1.84	3.56	0.67
873110012	微波信号发生器	范围:3.8~8.2GHz,输出:5mV	19.57	12.35	2.25	4.30	0.67
873110014	扫频信号发生器	范围:450~950MHz	13.98	8.27	1.71	3.33	0.67
873110015	扫频信号发生器	范围:0.01~1GHz	22.82	14.73	2.56	4.86	0.67
873110016	扫频信号发生器	范围:2~8GHz	72.49	50.35	7.18	14.29	0.67
873110017	扫频信号发生器	范围:8~12.4GHz	64.42	45.13	6.56	12.06	0.67
873110018	扫频信号发生器	范围:10~18.62GHz	72.49	50.35	7.18	14.29	0.67

续表

编码	仪器仪表名称	性 能 规 格	台班单价	费用组成(元)			
			元	折旧费	维护费	校验费	动力费
873110019	扫频信号发生器	范围:26.5~40GHz	141.80	103.55	12.57	25.01	0.67
873110020	扫频信号发生器	范围:10MHz~20GHz	232.04	178.09	17.90	35.38	0.67
873110022	合成扫频信号源	范围:0.01~40GHz	400.55	332.50	22.50	44.88	0.67
873110023	合成信号发生器	范围:0.1~3200MHz	21.53	13.78	2.44	4.64	0.67
873110025	频率合成信号发生器	范围:2~18MHz	247.09	190.48	18.65	37.29	0.67
873110026	频率合成信号发生器	范围:100kHz~1050MHz	95.25	67.93	9.03	17.62	0.67
873110028	脉冲信号发生器	范围:0~125MHz	66.16	46.40	6.73	12.36	0.67
873110029	脉冲信号发生器	范围:10kHz~200MHz	28.68	19.00	3.13	5.88	0.67
873110030	脉冲码型发生器	范围:0~660MHz	212.50	161.38	16.89	33.56	0.67
873110032	双脉冲信号发生器	范围:100Hz~10MHz	7.27	3.80	1.00	1.80	0.67
873110033	双脉冲信号发生器	范围:3kHz~100MHz	28.68	19.00	3.13	5.88	0.67
873110035	函数信号发生器	范围:0.01Hz~20MHz	4.81	2.38	0.63	1.13	0.67
873110037	噪声信号发生器	范围:10MHz~20GHz	3.97	1.90	0.50	0.90	0.67
873110039	标准噪声发生器	范围:18~26.5GHz	10.86	5.99	1.41	2.79	0.67
873110040	标准噪声发生器	范围:26.5~40GHz	11.44	6.41	1.47	2.89	0.67
873110041	标准噪声发生器	范围:40~60GHz	13.33	7.79	1.65	3.22	0.67
873110043	电视信号发生器	PAL/NTSC/SECAM 全制式	4.96	2.47	0.65	1.17	0.67
873110044	电视信号发生器	14种图像内外伴音	9.82	5.23	1.31	2.61	0.67
873110045	电视信号发生器	16种图像	13.73	8.08	1.69	3.29	0.67
873110046	电视信号发生器	彩色副载波:4.433619MHz±10Hz	41.81	28.60	4.39	8.15	0.67

续表

编码	仪器仪表名称	性能规格	台班单价	费用组成(元)			
			元	折旧费	维护费	校验费	动力费
873110048	卫星电视信号发生器	范围:37~865MHz	20.88	13.30	2.38	4.53	0.67
873110050	任意波形发生器	范围:0~15MHz	25.19	16.46	2.79	5.27	0.67
873110052	音频信号发生器	范围:50Hz~20kHz	4.75	2.35	0.62	1.11	0.67
873110054	工频信号发生器	范围:10MHz、25MHz、100MHz 或 240MHz 正弦波形 14 位,250MS/s,1GS/s 或 2GS/s 任意波形高达 20Vp-p 的幅度,50Ω 负荷	61.17	42.75	6.25	11.50	0.67
873110056	振荡器	范围:频率:40~500kHz,稳定度:$\pm 3 \times 10^{-6}$,阻抗:40Ω~4kΩ,误差:$\pm 5\%$,电感:0.2~2mH,误差:$\pm 5\%$,回波损耗:0~14dB,误差:± 0.5dB	19.78	12.50	2.27	4.34	0.67
873112	电源						
873112001	直流电源	输出:8V/3A,15V/2A	10.13	3.67	1.43	1.74	3.29
873112005	直流稳压电源	输出:0~32V,0~10A,双路数显	13.29	5.65	1.44	2.91	3.29
873112006	直流稳压电源	输出:0~30V,0~30A,单路,双表头数显	18.04	9.34	1.63	3.78	3.29
873112007	直流稳压电源	输出:0~120V,0~10A,单路,双表头数显	20.70	11.40	1.74	4.27	3.29
873112011	直流稳压稳流电源	输出:60~600V,0~5A	10.80	4.13	1.43	1.95	3.29
873112012	直流稳压稳流电源	输出:6~60V,0~30A	8.88	2.82	1.43	1.34	3.29
873112016	三路直流电源	输出:6V/2.5A,20V/0.5A,-20V/0.5A	12.10	5.01	1.43	2.37	3.29
873112020	双输出直流电源	输出:25V/1A	12.10	5.01	1.43	2.37	3.29
873112024	直流高压发生器	输出:电压:300kV,电流:5mA	120.22	84.47	11.03	21.43	3.29
873112028	交直流可调试验电源	电流:5A	17.76	9.12	1.62	3.73	3.29

续表

编码	仪器仪表名称	性 能 规 格	台班单价	费用组成(元)			
			元	折旧费	维护费	校验费	动力费
873112032	交流稳压电源	高精度净化式 1kVA、可调	10.80	4.13	1.43	1.95	3.29
873112033	交流稳压电源	高精度净化式 2kVA	12.56	5.32	1.43	2.52	3.29
873112034	交流稳压电源	高精度净化式 3kVA	14.12	6.30	1.47	3.06	3.29
873112035	交流稳压电源	高精度净化式 5kVA、可调	17.23	8.71	1.60	3.63	3.29
873112036	交流稳压电源	高精度净化式 10kVA	20.42	11.18	1.73	4.22	3.29
873112040	交流高压发生器	容量:50kVA	64.21	45.14	3.52	12.26	3.29
873112044	三相交流稳压电源	容量:3kVA	8.40	2.50	1.43	1.18	3.29
873112045	三相交流稳压电源	容量:6kVA	9.36	3.15	1.43	1.49	3.29
873112046	三相交流稳压电源	容量:10kVA	9.91	3.52	1.43	1.67	3.29
873112047	三相交流稳压电源	容量:15kVA	10.91	4.20	1.43	1.99	3.29
873112048	三相交流稳压电源	容量:20kVA	14.37	6.49	1.48	3.11	3.29
873112049	三相交流稳压电源	容量:30kVA	16.25	7.95	1.56	3.45	3.29
873112053	三相交直流测试电源	输出:0~600V,0~25A	41.00	27.14	2.57	8.00	3.29
873112057	三相精密测试电源	电压:100V、220V、380V	69.85	49.51	3.75	13.30	3.29
873112061	精密交直流稳压电源	量程:650V,20A,精度:±0.1%	76.01	54.29	4.00	14.43	3.29
873112065	晶体管直流稳压电源	电流:40A,负载调整率:0.5%	11.09	4.32	1.43	2.05	3.29
873112069	净化交流稳压源	输出:220V,3kW	8.29	2.42	1.43	1.15	3.29
873112073	不间断电源	输出:3kVA	26.30	15.74	1.97	5.30	3.29
873112074	不间断电源	在线式	8.40	2.50	1.43	1.18	3.29
873112078	便携式试验电源	电流:5A	10.61	4.00	1.43	1.89	3.29

续表

编码	仪器仪表名称	性 能 规 格	台班单价	费用组成(元)			
			元	折旧费	维护费	校验费	动力费
873114	数字仪表及装置						
873114001	数字电压表	量程:20mV~1000V,灵敏度:1μV	7.10	3.99	1.05	1.89	0.17
873114002	数字电压表	量程:10μV~1000V	6.77	3.80	1.00	1.80	0.17
873122	功率计						
873122001	小功率计	量程:1μW~300mW,频率:50MHz~12.4GHz	9.49	5.32	1.33	2.64	0.20
873122005	中功率计	量程:0.1~10W,频率:0~12.4GHz	7.64	4.28	1.13	2.03	0.20
873122006	中功率计	量程:0~100W,频率:0~1GHz	4.82	2.66	0.70	1.26	0.20
873122007	中功率计	量程:100mW~25W,频率:10kHz~50GHz	52.86	37.02	5.50	10.14	0.20
873122011	大功率计	量程:1~200kW,频率:80~600MHz	12.86	7.79	1.65	3.22	0.20
873122012	大功率计	量程:10kW,频率:100~4000MHz	21.70	14.25	2.50	4.75	0.20
873122013	大功率计	量程:50W~10kW,频率:7~22.5GHz	30.81	20.90	3.38	6.33	0.20
873122014	大功率计	量程:30kW,频率:1.14~1.73GHz	103.75	74.86	9.76	18.93	0.20
873122015	大功率计	量程:30μW~100W,频率:0.01~4.5GHz	7.46	4.18	1.10	1.98	0.20
873122016	大功率计	量程:5~2000W,频率:2.6~3.95GHz	16.95	10.78	2.04	3.93	0.20
873122020	功率计	量程:-60~+20dBm,频率:90kHz~6GHz	119.40	86.95	11.03	21.22	0.20
873122024	定向功率计	量程:0.1~100W,频率:25~1000MHz	8.12	4.56	1.20	2.16	0.20
873122028	同轴大功率计	量程:15~500W,频率:1~3GHz	14.55	9.03	1.81	3.51	0.20
873122032	微波功率计	量程:-30~20dBm,频率:100kHz~140GHz	62.01	43.70	6.38	11.73	0.20
873122036	微波大功率计	量程:250W~250kW,波长:3~10cm	18.91	12.21	2.23	4.27	0.20
873122040	通过式功率计	量程:0.1~1000W,频率:450kHz~2.3GHz	7.53	4.22	1.11	2.00	0.20

续表

编码	仪器仪表名称	性 能 规 格	台班单价	费用组成(元)			
			元	折旧费	维护费	校验费	动力费
873122041	通过式功率计	脉冲功率: −10~20dBm,频率:10MHz~18GHz	28.21	19.00	3.13	5.88	0.20
873122042	通过式功率计	功率:1~1000W,频率:2~3600MHz	85.19	60.52	8.25	16.22	0.20
873122046	高频功率计	量程:0.1W~5kW,频率:2~1300MHz	5.81	3.23	0.85	1.53	0.20
873122050	超高频大功率计	量程:5~500W,频率:2.5~37GHz	6.98	3.90	1.03	1.85	0.20
873124	电阻器、电容器参数测量仪						
873124001	电容耦合测试仪	频率:80~1000Hz	44.12	30.40	4.63	8.58	0.51
873127	蓄电池参数测试仪						
873127001	蓄电池组负载测试仪	电流:50A	41.64	28.50	4.38	8.13	0.63
873127009	蓄电池内阻测试仪	范围:0~6000Ah	39.04	26.60	4.13	7.68	0.63
873127017	蓄电池放电仪	电压:48~380V	49.17	34.01	5.10	9.43	0.63
873127025	蓄电池特性容量检测仪	电阻:0~100mΩ,电压:0~220V	47.77	32.98	4.97	9.19	0.63
873134	其他电子器件参数测试仪						
873134001	交直流耐压测试仪	精度:±3%	7.38	3.80	1.00	1.80	0.78
873136	时间及频率测量仪器						
873136001	数字频率计	量程:10Hz~1000MHz	22.02	14.35	2.51	4.77	0.39
873136002	数字频率计	量程:20Hz~30MHz	9.54	5.23	1.31	2.61	0.39
873136003	数字频率计	量程:10Hz~18GHz	91.89	65.55	8.78	17.17	0.39
873136007	频率计数器	量程:0~1300MHz	9.82	5.43	1.34	2.66	0.39
873136008	频率计数器	量程:0.01Hz~2.5GHz	3.69	1.90	0.50	0.90	0.39
873136012	波导直读式频率计	量程:8.2~12.4GHz	5.34	2.85	0.75	1.35	0.39

续表

编码	仪器仪表名称	性 能 规 格	台班单价	费用组成（元）			
			元	折旧费	维护费	校验费	动力费
873136013	波导直读式频率计	量程：12.4～18GHz	5.67	3.04	0.80	1.44	0.39
873136014	波导直读式频率计	量程：18～26.5GHz	6.18	3.33	0.88	1.58	0.39
873136018	计时/计频器/校准器	量程：0～4.2GHz	184.80	138.78	15.45	30.18	0.39
873136022	选频电平表	量程：20Hz～20kHz	6.74	3.66	0.96	1.73	0.39
873136026	选频仪	量程：1700、2000、2300、2600kHz	102.48	73.73	9.64	18.72	0.39
873136030	扫频仪	量程：20Hz～20kHz	3.69	1.90	0.50	0.90	0.39
873136031	扫频仪	量程：300MHz	5.19	2.76	0.73	1.31	0.39
873136035	宽带扫频仪	量程：1～1000MHz(50Ω)、5～1000MHz(75Ω)	12.14	7.13	1.56	3.06	0.39
873136036	宽带扫频仪	量程：1000MHz	14.09	8.55	1.75	3.40	0.39
873136040	扫频图示仪	量程：0.5～1500MHz	6.18	3.33	0.88	1.58	0.39
873136044	低频率特性测试仪	量程：20Hz～2MHz	7.32	3.99	1.05	1.89	0.39
873136048	数字式高频扫频仪	量程：0.1～30MHz	13.57	8.17	1.70	3.31	0.39
873136052	频率特性测试仪	量程：1～650MHz	5.59	2.99	0.79	1.42	0.39
873136056	时间间隔测量仪	量程：50ns～820ms，精度：±5%	105.17	75.81	9.86	19.11	0.39
873138	网络特性测量仪						
873138001	网络测试仪	超五类线缆测试仪	123.87	90.25	11.38	21.85	0.39
873138002	网络测试仪	1000M 以太网测试仪	130.02	95.00	11.88	22.75	0.39
873138003	网络测试仪	测试 100M 以太网的性能，精度：±1.0%	166.03	123.50	14.20	27.94	0.39
873138007	网络分析仪	量程：10Hz～500MHz	49.20	34.20	5.13	9.48	0.39
873138008	网络分析仪	量程：300kHz～3GHz	338.53	273.60	21.58	42.96	0.39

续表

编码	仪器仪表名称	性 能 规 格	台班单价	费用组成(元)			
			元	折旧费	维护费	校验费	动力费
873138009	网络分析仪	量程:30kHz~6GHz,分辨率:1Hz	227.92	174.80	17.71	35.02	0.39
873138010	网络分析仪	量程:100MHz~18GHz	245.70	190.00	18.63	36.68	0.39
873138011	网络分析仪	1.5、2、8、34、45、52、139、155MHz	546.20	473.25	24.35	48.21	0.39
873138015	PDH/SDH 分析仪	2、8、34、139、155、622、2488Mb/t,光接口:1310nm,1550nm	757.84	677.37	27.04	53.04	0.39
873138019	40G SDH 分析仪	量程:1.5MHz~43GHz,OTN:OTU1/OTU2/OTU3,PDH:E1/E2/E3/E4,DSn:DS1/DS3	1865.61	1745.77	41.10	78.35	0.39
873138023	SDH,PDH 以太网测试仪	2.7、10.7、11.05、11.09Gb/s	498.77	427.50	23.75	47.13	0.39
873138027	微波综合测试仪	量程:9kHz~18GHz	400.27	332.50	22.50	44.88	0.39
873138031	微波网络分析仪	量程:0.11~12.4GHz,相位:0~360°	48.68	33.82	5.08	9.39	0.39
873138035	无线电综合测试仪	量程:400kHz~1000MHz	173.03	129.20	14.67	28.77	0.39
873138036	无线电综合测试仪	量程:100kHz~1.15GHz	541.43	468.65	24.29	48.10	0.39
873138040	基站系统测试仪	量程:10~1000MHz	23.33	15.30	2.64	5.00	0.39
873138044	电台综合测试仪	量程:0.25~1000MHz	258.09	200.58	19.07	38.05	0.39
873138048	集群系统综合测试仪	量程:1GHz/2.7GHz	626.82	551.00	25.38	50.05	0.39
873138052	协议分析仪	量程:1000MHz	278.13	218.50	19.83	39.41	0.39
873140	衰减器及滤波器						
873140001	精密衰减器	衰减:91dB,ρ:75Ω,频率:0~25MHz	6.43	3.61	0.95	1.71	0.16
873140002	精密衰减器	衰减:111.1dB,ρ:75Ω,频率:0~10MHz	6.28	3.52	0.93	1.67	0.16
873140010	标准衰减器	衰减:0~110dB,频率:0~2GHz	6.94	3.90	1.03	1.85	0.16
873140018	衰耗器(不平衡)	衰减:0~131.1dB,频率:0~10MHz	7.27	4.09	1.08	1.94	0.16

续表

编码	仪器仪表名称	性 能 规 格	台班单价	费用组成(元)			
			元	折旧费	维护费	校验费	动力费
873140019	衰耗器(不平衡)	衰减:0~91.9dB,频率:0~30MHz	7.42	4.18	1.10	1.98	0.16
873140027	步进衰减器	衰减:0~50dB,频率:12.4GHz	8.08	4.56	1.20	2.16	0.16
873140028	步进衰减器	振幅:1.52mm,频率:10~55Hz	39.22	27.08	4.19	7.79	0.16
873140036	同轴步进衰减器	衰减:80dB,频率:8GHz	8.33	4.70	1.24	2.23	0.16
873140044	可变式衰减器	衰减:0~100dB,频率:0~2GHz	7.42	4.18	1.10	1.98	0.16
873140045	可变式衰减器	衰减:>20dB,频率:0.5~4GHz	12.43	7.51	1.61	3.15	0.16
873140046	可变式衰减器	衰减:>20dB,频率:4~8GHz	12.82	7.79	1.65	3.22	0.16
873140054	光可变衰耗器	衰减:0~20dB,精度:±0.1%,波长:1310/1550mm	28.82	19.48	3.19	5.99	0.16
873144	场强干扰测量仪器及测量接收机						
873144001	场强仪	量程:-120dB,VHF/UHF频段	11.16	6.46	1.48	2.91	0.31
873144002	场强仪	量程:9~110dB,频率:8.6~9.6GHz	10.96	6.32	1.46	2.87	0.31
873144003	场强仪	量程:20~130dBμV,频率:300MHz~10GHz	116.16	84.36	10.76	20.73	0.31
873144004	场强仪	量程:-10~130dBμV,频率:5MHz~1GHz	242.64	187.46	18.47	36.40	0.31
873144008	场强计	量程:46~860MHz,950~1700MHz	59.52	41.80	6.13	11.28	0.31
873144009	场强计	量程:46~1750MHz	17.26	10.93	2.06	3.96	0.31
873144013	场强测试仪	量程:20~130dB,频率:46~850MHz	15.97	9.98	1.94	3.74	0.31
873144014	场强测试仪	量程:10~110dB,频率:0.5~30MHz	8.08	4.47	1.18	2.12	0.31
873144018	便携式场强测试仪	频率:10kHz~3GHz,精度:≤±0.00015%	210.06	159.60	16.79	33.36	0.31
873144022	噪声系数测试仪	量程:0~20dB,精度:<±0.1%;量程:0~30dB,精度:<±0.1%;量程:0~35dB,精度:<±0.15%	47.81	33.25	5.00	9.25	0.31

续表

编码	仪器仪表名称	性 能 规 格	台班单价	费用组成(元)			
			元	折旧费	维护费	校验费	动力费
873144026	自动噪声系数测试仪	量程:6～28dB,精度:±1%	12.72	7.60	1.63	3.18	0.31
873146	波形参数测量仪器						
873146001	频谱分析仪	频率:0.15～1050MHz	17.40	11.02	2.08	3.99	0.31
873146002	频谱分析仪	频率:9kHz～26.5GHz	309.89	247.00	20.88	41.70	0.31
873146003	频谱分析仪	频率:3Hz～51GHz,精度:±0.001%	597.19	522.50	25.00	49.38	0.31
873146007	失真度测量仪	频率:400Hz～1kHz,精度:±0.01%	10.77	6.18	1.44	2.84	0.31
873146008	失真度测量仪	频率:10Hz～109kHz	8.23	4.56	1.20	2.16	0.31
873146009	失真度测量仪	频率:2Hz～200kHz,精度:±0.1%	7.75	4.28	1.13	2.03	0.31
873146010	失真度测量仪	频率:2Hz～1MHz	9.60	5.32	1.33	2.64	0.31
873148	电子示波器						
873148001	示波器	频率:50MHz	10.33	5.80	1.39	2.75	0.39
873148002	示波器	频率:100MHz	7.32	3.99	1.05	1.89	0.39
873148003	示波器	频率:70～200MHz	11.24	6.46	1.48	2.91	0.39
873148004	示波器	频率:300MHz	83.87	59.36	8.12	16.00	0.39
873148008	数字示波器	频率:500MHz	84.53	59.87	8.18	16.09	0.39
873148009	数字示波器	频率:1000MHz	365.63	299.10	22.06	44.08	0.39
873148010	数字示波器	频率:3GHz	541.76	468.96	24.30	48.11	0.39
873148014	宽带示波器(20G)	频率:20GHz,采样率:80GSa/s	274.50	215.26	19.69	39.16	0.39
873148018	双通道数字存储示波器	频率:40MHz	8.31	4.56	1.20	2.16	0.39
873148019	双通道数字存储示波器	频率:60MHz	10.20	5.70	1.38	2.73	0.39

续表

编码	仪器仪表名称	性能规格	台班单价	费用组成(元)			
			元	折旧费	维护费	校验费	动力费
873148020	双通道数字存储示波器	频率:100MHz	11.24	6.46	1.48	2.91	0.39
873148024	16 通道数字存储示波记录仪	模拟带宽:1GHz,采样率:5～10GS/s,记录长度:25M 点～125M 点,4 个模拟通道和 16 个数字通道	35.16	23.94	3.78	7.05	0.39
873150	通讯、导航测试仪器						
873150001	PCM 测试仪	2048kb/s	49.85	34.68	5.19	9.59	0.39
873150005	PCM 话路特性测试仪	200～4000Hz，-60～6dBm	117.44	85.29	10.85	20.91	0.39
873150009	PCM 呼叫分析仪	300～3400Hz,频偏±5%	21.64	14.06	2.48	4.71	0.39
873150013	PCM 数字通道分析仪	2Mb/s	220.81	168.72	17.34	34.36	0.39
873150017	模拟信令测试仪	多频互控＋线路信令	447.45	378.01	23.10	45.95	0.39
873150021	数据接口特性测试仪	64kb/s	187.04	140.60	15.60	30.45	0.39
873150025	通用规程测试仪	V5 规程式 ISDN	34.25	23.28	3.69	6.89	0.39
873150026	通用规程测试仪	V5 规程 ISDN 规程 7 号信令	340.57	275.50	21.63	43.05	0.39
873150030	信令综合测试仪	10～1000MHz	202.36	152.95	16.38	32.64	0.39
873150031	信令综合测试仪	传输线路质量测试专用	59.08	41.42	6.08	11.19	0.39
873150035	分析仪	1 号信令	12.14	7.13	1.56	3.06	0.39
873150036	分析仪	7 号信令	19.94	12.83	2.31	4.41	0.39
873150040	数据分析仪	50b/s～115.2kb/s	34.89	23.75	3.75	7.00	0.39
873150044	传输测试仪	300Hz～150kHz	16.05	9.98	1.94	3.74	0.39
873150048	数字传输分析仪	测 1～4 次群通信系统误码相位抖动	10.97	6.27	1.45	2.86	0.39
873150052	数字性能分析仪	64kb/s、2Mb/s	104.10	74.98	9.77	18.96	0.39

续表

编码	仪器仪表名称	性能规格	台班单价	费用组成(元)			
			元	折旧费	维护费	校验费	动力费
873150056	数字通信分析仪	50b/s~115.2kb/s	30.66	20.66	3.34	6.27	0.39
873150060	通信性能分析仪	2Mb/s~2.5Gb/s	6.18	3.33	0.88	1.58	0.39
873150064	PDH 分析仪	2、8、34、139Mb/s 数字传输系统	204.59	154.85	16.50	32.85	0.39
873150068	传输误码仪	16、32、64、128、256、512、1024、2048kb/s	13.76	8.31	1.72	3.34	0.39
873150072	误码率测试仪	622Mb/s	605.09	530.05	25.10	49.55	0.39
873150073	误码率测试仪	2.5Gb/s	1199.38	1103.22	32.64	63.13	0.39
873150074	误码率测试仪	10Gb/s	1416.10	1312.24	35.39	68.08	0.39
873150078	电平传输测试仪	200Hz~6MHz	31.41	21.20	3.42	6.40	0.39
873150082	电话分析仪	量程:6.5~25.0PPS、20~80M/B,位准差测试:0~ -25.5dBm	6.18	3.33	0.88	1.58	0.39
873150086	市话线路故障测量仪	开路、短路、故障点定位	14.09	8.55	1.75	3.40	0.39
873150090	便携式中继器检测仪	量程:10~150dBμV	17.79	11.25	2.11	4.04	0.39
873150094	3cm 雷达综合测试仪	频率:8.6~9.6GHz,输出:2mW~2W	152.02	112.10	13.27	26.26	0.39
873150098	手持 GPS 定位仪	定位时间:5s,定位精度:3m,存储容量:2G	5.09	2.71	0.71	1.28	0.39
873150102	对讲机(一对)	最大通话距离:5km	4.93	2.61	0.69	1.24	0.39
873152	有线电测量仪器						
873152001	选频电平表	频率:200Hz~1.86MHz	10.64	6.08	1.43	2.82	0.31
873152002	选频电平表	频率:10kHz~36MHz	9.21	5.04	1.29	2.57	0.31
873152006	高频毫伏表定度仪	频率:100kHz	4.19	2.23	0.59	1.06	0.31
873152010	低频电缆测试仪	频率:800Hz,精度:±2%,电平:0~110dB	21.56	14.06	2.48	4.71	0.31

续表

编码	仪器仪表名称	性 能 规 格	台班单价	费用组成(元)			
			元	折旧费	维护费	校验费	动力费
873152014	电缆测试仪	量程:10m～20km	18.57	11.88	2.19	4.19	0.31
873152018	电缆故障测试仪	双头测量:19999m	27.01	18.05	3.00	5.65	0.31
873152019	电缆故障测试仪	测距:≤15km/电力,≤50km/通信	17.92	11.40	2.13	4.08	0.31
873152023	电缆故障探测装置	测距:75km,测量盲区<20m	94.04	67.27	8.96	17.50	0.31
873152027	电缆对地路径探测仪	测量深度:5m(用于探测电缆的敷设路径、埋设深度,故障电缆的鉴别)	7.24	3.99	1.05	1.89	0.31
873152031	钳型多功能查线仪	250V,5A	11.16	6.46	1.48	2.91	0.31
873152035	电缆识别仪	1～2s 间隙调制,灵敏度:6 级	41.32	28.50	4.38	8.13	0.31
873152039	电缆长度仪	量程:0～1000m	12.72	7.60	1.63	3.18	0.31
873152043	地下管线探测仪	测量深度:4.5m,灵敏度:≤100μA,1m 处测试埋深误差:±5cm	85.66	60.80	8.28	16.27	0.31
873152047	驻波比测试仪	频率:5～6000MHz	102.63	73.91	9.66	18.75	0.31
873152051	线路测试仪	测试线缆:RJ11、RJ45	12.10	7.15	1.57	3.07	0.31
873152055	中继线模拟呼叫器	中继呼叫	117.64	85.50	10.88	20.95	0.31
873152059	用户模拟呼叫器	用户端模拟呼叫	142.61	104.50	12.65	25.15	0.31
873154	电视用测量仪器						
873154001	视频分析仪	测量包括:CCIR REP. 624－1,Rec. 567 和 Rec. 569 等规定的项目	136.85	99.75	12.26	24.45	0.39
873158	声级计						
873158001	声级计	声压:35～130dB,频率:20Hz～8kHz	3.54	1.90	0.50	0.90	0.24

续表

编码	仪器仪表名称	性 能 规 格	台班单价	费用组成(元)			
			元	折旧费	维护费	校验费	动力费
873158005	精密声级计	声压:38~140dB,频率:0Hz~18kHz	6.59	3.66	0.96	1.73	0.24
873158009	STIPA 测试仪	量程:30~130dBSPLA,频率:10Hz~20kHz,延时分辨率:小于 0.1ms	28.25	19.00	3.13	5.88	0.24
873164	声振测量仪						
873164001	抖晃仪	3kHz±10%,3.15kHz±10%	12.53	7.41	1.60	3.13	0.39
873164002	抖晃仪	CCIR,测定范围:0.03%~3%	15.01	9.22	1.84	3.56	0.39
873164003	抖晃仪	20Hz~50kHz,测定范围:0.0015%~3%	17.34	10.93	2.06	3.96	0.39
873164004	抖晃仪	测定范围:0.03%、0.1%、0.3%、1%、3%	29.05	19.48	3.19	5.99	0.39
873164008	抖动调制振动器	输入频率:10Hz~39MHz	6.33	3.42	0.90	1.62	0.39
873172	数据仪器						
873172001	逻辑分析仪	16 通道	52.45	36.58	5.44	10.04	0.39
873172002	逻辑分析仪	32 通道,定时:200Msa/s	78.36	55.10	7.68	15.19	0.39
873172003	逻辑分析仪	34 通道	147.83	108.69	12.99	25.76	0.39
873172004	逻辑分析仪	68 通道,定时:400Msa/s	90.66	64.60	8.68	16.99	0.39
873172005	逻辑分析仪	80 通道,100MHz	150.19	110.61	13.15	26.04	0.39
873172006	逻辑分析仪	采样率:150MHz、500MHz	121.41	88.35	11.18	21.49	0.39
873174	计算机用测量仪器						
873174001	编程器	3A	3.77	1.90	0.50	0.90	0.47
873174005	存储器测试仪	动态:RAM256K,静态:64K	6.74	3.61	0.95	1.71	0.47
873174009	微机继电保护测试仪	模拟测试,1.6/1.0MB 数据交换	232.44	178.60	17.94	35.43	0.47
873174013	铭牌打印机	打印量程:54mm(长)×496mm(宽)	36.28	24.70	3.88	7.23	0.47
873174017	线号打印机	标签等材料上打印字符	4.68	2.42	0.64	1.15	0.47

七、专用仪器仪表(87-46)

编码	仪器仪表名称	性 能 规 格	台班单价	费用组成(元)			
			元	折旧费	维护费	校验费	动力费
874614	安全仪器						
874614001	SF_6精密露点测量仪	量程: -80~20℃,精度:±0.5℃,分辨率:0.01℃或0.1ppm	23.52	15.06	2.82	5.40	0.24
874614009	SF_6气体成分测试仪	控温精度: <±0.1%,检测器灵敏度:S值≥7000mV·mL/mg,Air、CF_4:优于0.0003%,SO_2: <±0.1%,量程:0.0~100.0μL/L,H_2S: <±0.1%,量程:0.0~100.0μL/L,CO: <±0.1%,量程:0.0~1000.0μL/L	29.42	19.38	3.38	6.42	0.24
874614017	SF_6微水分析仪	微水量程: -60~20℃,精度:±2%,响应时间: -60~20℃,5s(63%)、45s(90%),20~-60℃,10s(63%)、240s(90%)	25.41	16.44	3.00	5.73	0.24
874614025	SF_6微量水分测量仪	量程:T_d: -80~20℃/-60~60℃,测量气体:H_2、SF_6、O_2、N_2、压缩空气等多种气体,露点精度:T_d≤±1%	65.30	45.60	6.83	12.63	0.24
874614033	SF_6定量检漏仪	量程:0~500μL/L	13.65	7.85	1.87	3.69	0.24
874614041	SF_6定性检漏仪	捡漏精度:≥±0.35%	16.94	10.26	2.18	4.26	0.24
874614049	CO气体检测报警仪	量程:0~1000ppm,2000ppm,误差≤5%	8.16	4.56	1.20	2.16	0.24
874614050	CO_2气体检测报警仪	量程:0~50000ppm,50000ppm,误差≤5%	14.88	9.00	2.02	3.63	0.24
874614057	H_2S检测报警器	量程:0~30ppm(0.1ppm),报警设定值:10~30ppm	17.64	10.77	2.25	4.38	0.24
874614065	H_2S气体检测报警仪	量程:0~200ppm,1000ppm,误差≤8%	8.60	4.81	1.27	2.28	0.24
874614073	H_2气体检测报警仪	量程:0~1000ppm,2000ppm,误差≤5%	11.24	6.33	1.67	3.00	0.24

续表

编码	仪器仪表名称	性 能 规 格	台班单价	费用组成(元)			
			元	折旧费	维护费	校验费	动力费
874614081	Cl$_2$气体检测报警仪	量程:0~20ppm,250ppm,误差≤5%	12.61	7.09	1.77	3.51	0.24
874614089	四合一气体检测报警仪	CH$_4$:0~4%,CO:0~1000ppm,O$_2$:0~25%,H$_2$S:0~100ppm	18.16	11.15	2.30	4.47	0.24
874614097	O$_2$检测报警器	量程:0~25VOL%,精度:<±0.3%,报警设定值:18VOL%以下	16.42	9.88	2.13	4.17	0.24
874614105	气体分析仪	O$_2$:0~21VOL%,CO:0~4000ppm,CO$_2$:0~8000ppm,H$_2$补偿:8000~30000ppm	41.04	27.87	4.50	8.43	0.24
874614113	便携式气体分析仪	NO$_x$:0~25/50/100/250/500/1000/2500/4000ppm,O$_2$:0~5/10/25VOL%	223.36	166.52	19.08	37.52	0.24
874614114	便携式多组气体分析仪	CO:0~100ppm,0~100VOL%,CO$_2$:0~1000ppm,0~100VOL%	143.74	104.01	13.45	26.04	0.24
874614122	便携式可燃气体检漏仪	量程:0~100% LEL,分辨率:0.01% LEL,精度:±2% FS,响应时间:≤5s,恢复时间:≤15s,重复性:±0.5%,线性误差:±1.0%,不确定度:2% Rd±0.1	15.21	8.99	2.02	3.96	0.24
874614130	氨气检漏仪	分辨率:0~0.4ppm	86.10	60.80	8.83	16.23	0.24
874614138	有害气体检漏仪	量程:0~1000ppm	70.16	49.15	7.30	13.47	0.24
874614146	气体、粉尘、烟尘采样仪校验装置	动压:0~3000Pa,精度:±1.0%,静压:-30~30kPa,精度:±2.0%,温度:-20~55℃,精度:±0.1%、±0.5%,大气压:70~110kPa,精度:±0.2%、±0.01%,压力发生泵调压量程:-35~35kPa	23.33	14.92	2.80	5.37	0.24
874614154	烟气采样器	烟尘采样流量:4~40L/min,烟气采样流量:0.15~1.5L/min,隔膜式真空泵抽气能力:20kPa阻力时,流量大于30L/min,数字微压计测压量程:0~2000Pa	23.67	15.17	2.83	5.43	0.24

续表

编码	仪器仪表名称	性 能 规 格	台班单价	费用组成(元)			
			元	折旧费	维护费	校验费	动力费
874614162	火灾探测器试验器	报警响应时间:<30s	4.64	2.53	0.67	1.20	0.24
874614170	电火花检测仪	适用检测厚度:0.5~10mm	12.96	7.35	1.80	3.57	0.24
874614178	烟气分析仪	烟气参数测量:O_2、CO、CO_2(红外)、NO_x、SO_2、HC、H_2S,烟气年排放量:SO_2、NO_x、CO	89.57	63.33	9.17	16.83	0.24
874614186	黑度计自动测试仪	量程:0~4D(2mm 光孔),精度:±0.02%(0~3.5D),±0.04%(3.5~4D)	9.59	5.38	1.42	2.55	0.24
874614194	界面张力测试仪	量程:5~95mN/m,快速:1mm/s,慢速:0.3~0.4mm/s,灵敏阀:0.1mN/m,准确度:±0.5mN/m	30.64	20.27	3.50	6.63	0.24
874614202	烟尘浓度采样仪	误差:±2% FS,信号输出:4~20mA,最大输出负载:500Ω,灵敏度:$2mg/m^3$,量程:最小$0~200mg/m^3$,最大$0~10g/m^3$,烟囱大小:0.5~15m	29.42	19.38	3.38	6.42	0.24
874614210	加热烟气采样枪	流量范围:0.1~2L/min,精度:±2.5%,时控范围:0~99s	54.56	37.75	5.80	10.77	0.24
874614218	离子浓度测试仪	量程:0.00~14.00pX,精度:±0.5% 读数值(一价),±1.0%读数值(二价),温度补偿:0~60℃	68.93	48.25	7.18	13.26	0.24
874614226	钠离子分析仪	浓度:0~999μg/L,0~200mg/La,pNa 值:2.0~7.0,误差:±0.03pNa	18.13	11.12	2.30	4.47	0.24
874614234	数字测氧记录仪	量程:0~100%,0~50%,0~1%,精度:±0.15%,±0.3%,±3%,分辨率:0.01%	6.51	3.61	0.95	1.71	0.24
874614242	碳氢氮元素检测仪	C:0.02%~100%,H:0.02%~50%,N:0.01%~50%	107.15	75.75	10.47	20.69	0.24

续表

编码	仪器仪表名称	性 能 规 格	台班单价	费用组成（元）			
			元	折旧费	维护费	校验费	动力费
874614250	同步热分析仪	量程:室温~1150℃,分辨率:0.1℃,波动:±0.1℃,升温速率:1~80℃/min,降温速率:1~20℃/min	331.89	256.74	24.98	49.93	0.24
874614258	微量滴定仪	滴定精度:1.67μL/step,滴定速度:3.6mL/min,精度:99.8%,重复性误差:0.2%	123.05	88.03	11.77	23.01	0.24
874614266	氧量分析仪	量程:0.0~20.6%,零点漂移≤±2% F.S/7d,量程漂移≤±2% F.S/7d,重复性:≤±1%,氧气流量:300±10mL/min,响应时间:T90≤15s,氧气压力:0.05MPa≤入口压力≤0.25MPa	96.37	67.42	9.60	19.11	0.24
874616	电站热工仪表						
874616001	数字测振仪	加速度:0.1~199.9m/s²,peak(RMS×1.414)	13.13	7.47	1.82	3.60	0.24
874616009	便携式数字测振仪	加速度:0.1~199.9m/s²,0.1~199.9m/s²(RMS),位移:0.001~1.999mm,精度:±5%	16.42	9.88	2.13	4.17	0.24
874616017	测振仪	频率:10Hz~1kHz(LO),1kHz~15kHz(HI),速度:10Hz~1kHz,位移:10Hz~1kHz	15.90	9.50	2.08	4.08	0.24
874616018	测振仪	频率:1~300kHz,速度:0~100mm/s	467.41	380.00	29.17	58.00	0.24
874616019	测振仪	频率:1~3MHz,速度:0.1μm/s~10m/s	756.67	658.67	32.83	64.93	0.24
874616027	手持高精度数字测振仪 & 转速仪	量程:10~1000Hz	54.87	37.97	5.83	10.83	0.24
874616035	热工仪表校验仪	量程:0~±30V,分辨率:0.0001V,精度:0.01% RD+0.01% F.S,直流测量:0~±30mA,分辨率:0.0001mA,精度:0.01% RD+0.01% F.S,电流输出:0~30mA,分辨率:0.0005mA,精度:0.01% RD+0.01% F.S	11.02	6.21	1.63	2.94	0.24

续表

编码	仪器仪表名称	性 能 规 格	台班单价	费用组成(元)			
			元	折旧费	维护费	校验费	动力费
874618	气象仪器						
874618001	热球式风速计	量程:0.2~20.0m/s	5.47	3.01	0.79	1.43	0.24
874618005	风速计	风速:0~45m/s,风温:0~60℃	5.21	2.86	0.75	1.36	0.24
874618009	叶轮式风速表	量程:0~50m/s	10.80	6.08	1.60	2.88	0.24
874618013	智能压力风速计	量程:-6~6kPa,压差:0~1000Pa	13.10	7.45	1.81	3.60	0.24
874618017	风压风速风量仪	风压:0~±2000Pa/3000Pa/6000Pa,风速:<55m/s,风量:<99999m³/s,过载能力:≤200% FS,精度:±0.5%,分辨率:1Pa/0.1Pa	6.84	3.80	1.00	1.80	0.24
874646	建筑工程仪器						
874646001	全站仪	量程:1200m	132.07	95.00	12.50	24.33	0.24
874646002	全站仪	测角精度:2″(0.6mgon)、5″(1.5mgon)	232.50	173.96	19.69	38.61	0.24
874646003	全站仪	量程:200m,单棱镜测距:4500m,精度:±(2+2ppm)	266.42	201.27	21.68	43.23	0.24
874646004	全站仪	单棱镜:5km,无棱镜:350m,精度:无棱镜5+3ppm,测量时间:测量1s,跟踪0.5s	19.89	12.41	2.47	4.77	0.24
874646005	全站仪	测程2km/单棱镜,精度:±(2mm+2ppm×D),高速测距:精测1.2s,粗测0.7s,跟踪0.4s	46.24	31.67	5.00	9.33	0.24
874646006	全站仪	测距精度:1mm+1.5×10⁻⁶D,无棱镜测距精度:2mm+2×10⁻⁶D,测程:>1000m	413.00	329.33	27.83	55.60	0.24
874646007	全站仪	最短视距:1.7m,测程:单棱镜3000m,无棱镜280m,灰卡白色面(90%反射率),精度:有棱镜±(2+2ppm),无棱镜±(2+2ppm),角度测量:1″、5″、10″	54.90	38.00	5.83	10.83	0.24

续表

编码	仪器仪表名称	性　能　规　格	台班单价	费用组成(元)			
			元	折旧费	维护费	校验费	动力费
874646008	全站仪	最短视距:1.0m,量程:单棱镜2200m、三棱镜3000m、无棱镜180m、270m,棱镜/反射贴片精度:±(2mm+2ppm×D),免棱镜精度:±(5mm+2ppm×D),测距时间:正常2.0s、快速1.2s	60.10	41.80	6.33	11.73	0.24
874646009	全站仪	测程:5000m,精度:±(2+2ppm),测角精度:2″,放大倍率:30x	139.95	101.08	13.14	25.49	0.24
874646010	全站仪	测角精度:2″,测程:3500m,无棱镜500m	133.52	97.53	12.77	22.98	0.24
874646011	全站仪	测角精度:1″,测程:>1000m,无棱镜500m	407.50	329.33	27.83	50.10	0.24
874646013	对中仪	测距:10m,精度:±1%	130.43	93.73	12.37	24.09	0.24
874646014	电子对中仪	测距:20m,精度:±0.001%	206.46	152.76	17.96	35.50	0.24
874646018	全自动激光垂准仪	上/下对点精度:±2″,工作量程:上/下150m	27.17	17.73	3.17	6.03	0.24
874646022	红外线水平仪	范围:±1mm/5m	5.85	3.23	0.85	1.53	0.24
874646026	定位仪	定位范围:±50m	202.41	149.47	17.69	35.01	0.24
874646030	数字点式环线专用调相测试仪	频率:0.4~1000MHz,阻抗:50Ω,电平:−127~0dBm,调幅:0~99%,调频:0~25kHz,调相:0~10rad	40.52	27.49	4.45	8.34	0.24
874646034	移频参数在线测试仪	频率:5~5000Hz,灵敏度:<2mV/5mA,电压真有效值:5~5000Hz,0~400V,分辨率:1mV、0.01V、0.1V,精度:±1.0%	43.52	29.68	4.74	8.86	0.24
874646038	混凝土实验搅拌仪	搅拌容量:30L	24.38	12.29	2.45	4.74	4.90

主 编 单 位:住房和城乡建设部标准定额研究所
专业主编单位:电子工程标准定额站
编 制 单 位:中国电子系统工程总公司
　　　　　　电力工程造价与定额管理总站
　　　　　　中国建设工程造价管理协会化工专业委员会
　　　　　　工业和信息化部通信工程定额和质量监督中心
　　　　　　中国机房设施工程有限公司
　　　　　　中国电子系统工程第二建设有限公司
　　　　　　太极计算机股份有限公司
　　　　　　同方股份有限公司
　　　　　　上海科信检测科技有限公司
专 家 组:胡传海　谢洪学　王美林　张丽萍　刘　智　徐成高　蒋玉翠　汪亚峰　吴佐民　洪金平　杨树海　王中和　薛长立
综合协调组:王海宏　胡晓丽　汪亚峰　吴佐民　洪金平　陈友林　王中和　薛长立　王振尧　蒋玉翠　张勇胜　张德清　白洁如　李艳海
　　　　　　刘大同　赵　彬
编 制 人 员:贾致杰　马宏浩　薛长立　戴永生　魏　梅　张　秦　李守保　马　静　李如意　李　克　王　慧　王　磊　朱义传　邬　璟
　　　　　　马卫华　徐　平　杨　音　张健伟　褚得成　任淑贞　蒋玉翠　刘晓丰　白洁如　王元光　丛培胜　刘　芳　陈云霞　王　倩
　　　　　　张　琛　崔先明　孙超文　孟　森　冯琰婷　赵凤泉　贾冬艳
审 查 专 家:谢洪学　洪金平　汪正国　李鸿兴　张丽萍　刘　智　徐成高　汪亚峰　邓立俊